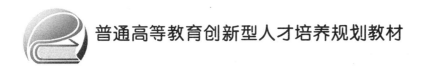
普通高等教育创新型人才培养规划教材

计算机组成原理实验与课程设计教程

周大海　主　编
施国君　副主编
訾学博　郭振洲　张德园　胡光元　编

北京航空航天大学出版社

内 容 简 介

本书是"计算机组成原理"课程的实验教程。全书以 COP2000 实验平台为基础,内容包括该平台的硬件结构、工作原理及其软件调试环境,寄存器实验、运算器实验、存储器实验、数据通路实验、控制器实验、中断接口实验、设计指令/微指令系统实验以及课程设计。本书附录给出了 COP2000 指令集和常用元器件,方便学生查询使用。本书的目的是配合理论教学,提高学生查阅资料、独立设计、动手组装电路和调试电路的能力,并通过课程设计提高学生排故障分析问题、解决问题能力以及写作能力。

本书可作为普通高校计算机及相关专业的计算机组成实验教材,也可供有关工程实践人员参考使用。

图书在版编目(CIP)数据

计算机组成原理实验与课程设计教程 / 周大海主编
. -- 北京:北京航空航天大学出版社,2015.8
ISBN 978-7-5124-1829-5

Ⅰ. ①计⋯ Ⅱ. ①周⋯ Ⅲ. ①计算机组成原理—教材 Ⅳ. ①TP301

中国版本图书馆 CIP 数据核字(2015)第 156196 号

版权所有,侵权必究。

计算机组成原理实验与课程设计教程

周大海 主 编
施国君 副主编
訾学博 郭振洲 张德园 胡光元 编
责任编辑 赵延永 傅 博

*

北京航空航天大学出版社出版发行

北京市海淀区学院路 37 号(邮编 100191)　http://www.buaapress.com.cn
发行部电话:(010)82317024　传真:(010)82328026
读者信箱:goodtextbook@126.com　邮购电话:(010)82316936
涿州市新华印刷有限公司印装　各地书店经销

*

开本:710×1 000　1/16　印张:13.75　字数:293 千字
2015 年 9 月第 1 版　2015 年 9 月第 1 次印刷　印数:2 000 册
ISBN 978-7-5124-1829-5　定价:28.00 元

若本书有倒页、脱页、缺页等印装质量问题,请与本社发行部联系调换　联系电话:(010)82317024

前 言

没有实践的理论是空洞的理论,没有理论指导的实践是盲目的实践。"计算机组成原理"课程是计算机科学与技术、网络工程、物联网工程、软件工程专业必修的重要学科基础课,存在知识点多、内容抽象等特点,必须理论与实践结合才能学深学透。

本书的实验根据教学内容,遵循由浅入深、循序渐进的原则编排。首先介绍COP2000实验平台的硬件结构和工作原理,然后介绍COP2000实验平台的软件调试环境,最后给出具体实验项目。前四个实验(即寄存器实验、运算器实验、存储器实验和数据通路实验)要求学生手动实现,体会数据如何打入寄存器、怎样控制实现预定运算并保存结果、存储器如何实现读写、怎样控制数据走规定线路由源到目的地、各个信号的工作顺序等,从而建立空间、时间和信息流的概念。第五个实验是要求学生通过程序的执行,掌握控制器如何发出正确、有序的控制信号,从软硬件两方面让学生体会计算机怎样执行指令,体会前四个实验手动完成的信息存储、流动和运算的工作在计算机中是如何自动实现的,加深对计算机的组成及工作原理的认识。中断是计算机发展过程中的一个里程碑,其率先将并行工作的理念引入计算机,大大提高了CPU的效率,故安排中断接口电路实验十分必要。另外,还安排了指令设计的选作实验,由学生自己设计指令,能较好地理解微指令、微操作的相关概念和指令的设计过程。

除配合理论教学外,安排实验的目的还在于培养学生查阅资料能力、独立设计能力、动手组装电路及调试能力,使用仪表查排故障、分析问题、解决问题能力以及写作能力和创新能力。海阔凭鱼跃,有能力的同学可以充分利用实验系统平台横向扩充,往纵深发展。

课程设计是计算机组成原理课程的必备环节,可提高学生知识的综合应用能力和分析能力。COP2000实验平台支持FPGA的扩展应用,可以通过硬件连线的方式,或者VHDL、Verilog编程的方式,实现具有某个特定逻辑功能的器件,通过封装后,进行功能验证。书中对使用Foundation进行软硬件设计的过程和使用方法进行了详细描述,并附带了常用的元器件库的详细介绍,减少了学生查阅其他资料的时间。

本书的第1、8、9章及附录由周大海编写,第2、3章由施国君编写,第4章由訾学博编写,第5章由郭振洲编写,第6章由张德园编写,第7章由胡光元编写。全书由周大海统稿,施国君主审。

由于编者知识和水平有限,教程中错误和不合理之处恳请广大读者批评指正,以便对教程进行改进和完善。

编 者

2015年4月

目 录

基础篇

1 实验平台概述 ··· 2
  1.1 实验平台简介 ··· 2
  1.2 实验平台结构与工作原理 ··· 2
  1.3 模型机的控制信号 ··· 5
    1.3.1 总线切换插座 ··· 5
    1.3.2 寄存器控制信号 ··· 6
    1.3.3 程序计数器的控制信号 ··· 7
    1.3.4 总线控制信号 ··· 9
    1.3.5 运算器控制信号 ·· 11
    1.3.6 模型机整机控制信号 ·· 11
  1.4 模型机的指令系统 ·· 13
    1.4.1 指令结构 ·· 13
    1.4.2 指令的寻址方式 ·· 14
    1.4.3 指令的种类 ·· 15
    1.4.4 指令的扩展 ·· 15
    1.4.5 双操作数机器指令结构 ·· 15
    1.4.6 单操作数和无操作数机器指令结构 ···································· 16
    1.4.7 模型机指令集 ·· 17
  1.5 存储器的组织 ·· 18
  1.6 COP2000 实验平台小键盘与液晶屏介绍 ······································ 19
    1.6.1 液晶屏功能说明 ·· 19
    1.6.2 按键功能说明 ·· 20
    1.6.3 内部寄存器显示 ·· 21
    1.6.4 EM 存储器显示和修改 ··· 21
    1.6.5 微程序存储器显示和修改 ·· 23
  1.7 数据通路 ·· 23
    1.7.1 取指数据通路 ·· 24
    1.7.2 分析 ADD A,R_3 通路 ··· 24
  1.8 模型机微指令集 ·· 26

1.9 集成开发环境 ……………………………………………………………… 27
 1.9.1 主菜单 …………………………………………………………… 28
 1.9.2 快捷键图标 ……………………………………………………… 29
 1.9.3 源程序/机器码窗口 ……………………………………………… 30
 1.9.4 结构/逻辑分析窗口 ……………………………………………… 31
 1.9.5 指令/微程序/跟踪窗口 …………………………………………… 32
 1.9.6 寄存器状态 ……………………………………………………… 33
1.10 实验项目列表 …………………………………………………………… 33

实验篇

2 **寄存器实验** ………………………………………………………………… 36
 2.1 实验目的 ………………………………………………………………… 36
 2.2 实验内容 ………………………………………………………………… 36
 2.3 预习要求 ………………………………………………………………… 36
 2.4 实验步骤 ………………………………………………………………… 36
  2.4.1 运算寄存器与通用寄存器 ……………………………………… 37
  2.4.2 程序计数器操作 ………………………………………………… 38
  2.4.3 其他寄存器操作 ………………………………………………… 39

3 **运算器实验** ………………………………………………………………… 40
 3.1 实验目的 ………………………………………………………………… 40
 3.2 实验内容 ………………………………………………………………… 40
 3.3 预习要求 ………………………………………………………………… 40
 3.4 实验步骤 ………………………………………………………………… 40

4 **存储器实验** ………………………………………………………………… 42
 4.1 实验目的 ………………………………………………………………… 42
 4.2 实验内容 ………………………………………………………………… 42
 4.3 预习要求 ………………………………………………………………… 42
 4.4 实验步骤 ………………………………………………………………… 42
  4.4.1 手工模式下的存储器操作 ……………………………………… 42
  4.4.2 利用小键盘操作存储器 ………………………………………… 44

5 **数据通路实验** ……………………………………………………………… 46
 5.1 实验目的 ………………………………………………………………… 46
 5.2 实验内容 ………………………………………………………………… 46
 5.3 预习要求 ………………………………………………………………… 46
 5.4 实验步骤 ………………………………………………………………… 46

6 控制器实验 …… 48
6.1 实验目的 …… 48
6.2 实验内容 …… 48
6.3 预习要求 …… 48
6.4 实验步骤 …… 48
6.4.1 编程分析 …… 49
6.4.2 程序的编写 …… 49
6.4.3 机器指令的编写 …… 50
6.4.4 程序的输入 …… 51
6.4.5 程序的执行调试 …… 51
6.4.6 实验记录 …… 51

7 中断接口实验 …… 52
7.1 实验目的 …… 52
7.2 实验内容 …… 52
7.3 实验原理 …… 52
7.4 实验步骤 …… 53
7.5 实验参考程序 …… 53
7.6 实验记录 …… 54

8 设计指令/微指令系统实验 …… 55
8.1 实验目的 …… 55
8.2 实验内容 …… 55
8.3 预习要求 …… 55
8.4 实验步骤 …… 55
8.4.1 指令/微指令的设计 …… 56
8.4.2 集成环境下调试程序 …… 60

课程设计篇

9 课程设计教程 …… 62
9.1 课程设计的目标 …… 62
9.2 课程设计的形式 …… 62
9.3 设计的过程 …… 62
9.3.1 软件类的设计过程 …… 62
9.3.2 硬件类的设计过程 …… 63
9.4 FPGA 扩展实验板简介 …… 63
9.5 Foundation F3.1i 软件的使用 …… 65

9.5.1 建立设计项目 ··· 65
9.5.2 建立空的设计文件 ·· 66
9.5.3 器件的封装 ··· 68
9.5.4 器件的仿真 ··· 72
9.5.5 顶层文件的设计 ·· 76
9.5.6 管脚的映射 ··· 78
9.5.7 顶层设计电路的仿真 ··· 79
9.5.8 项目编译 ··· 80
9.5.9 编程下载 ··· 82

附　录

附录 A　COP2000 指令集及微指令集 ··· 85
附录 B　常用元器件 ·· 96
　B.1　器件的命名规则 ··· 96
　B.2　Virtex 中常用器件总述 ·· 97
　B.3　基本元器件 ··· 97
　　B.3.1　AND ·· 98
　　B.3.2　NAND ··· 99
　　B.3.3　OR ·· 100
　　B.3.4　NOR ··· 101
　　B.3.5　XOR ··· 102
　　B.3.6　XNOR ··· 103
　　B.3.7　INV、INV4、INV8、INV16 ··· 103
　　B.3.8　GND ··· 104
　　B.3.9　VCC ··· 104
　　B.3.10　PULLDOWN ·· 104
　　B.3.11　PULLUP ··· 105
　　B.3.12　CLKDLL ·· 105
　　B.3.13　CLKDLLHF ··· 106
　B.4　累加器 ·· 106
　B.5　全加器 ·· 108
　B.6　加减法器 ·· 109
　B.7　比较器 ·· 110
　　B.7.1　COMPx ··· 111
　　B.7.2　奇数位数据的比较 ··· 111

4

| B.7.3 | COMPMx | 112 |
| B.7.4 | COMPMCx | 113 |

B.8 译码器 …… 114
  B.8.1 D2_4E …… 114
  B.8.2 D3_8E …… 115
  B.8.3 D4_16E …… 115

B.9 选择器 …… 115
  B.9.1 M2_1 …… 115
  B.9.2 M2_1B1 …… 116
  B.9.3 M2_1B2 …… 117
  B.9.4 M2_1E、M4_1E、M8_1E、M16_1E …… 117

B.10 封装用器件 …… 118
  B.10.1 IBUF …… 119
  B.10.2 IPAD …… 119
  B.10.3 IBUFx …… 119
  B.10.4 IPADx …… 120
  B.10.5 IBUFG …… 120
  B.10.6 OBUF …… 120
  B.10.7 OBUFT …… 120
  B.10.8 IOBUF …… 121
  B.10.9 OPAD …… 121

B.11 桶形移位器 …… 122

B.12 计数器 …… 122
  B.12.1 CBxCE …… 123
  B.12.2 CBxCLE …… 124
  B.12.3 CBxCLED …… 126
  B.12.4 CBxRE …… 128
  B.12.5 CCxCE …… 130
  B.12.6 CCxCLE …… 130
  B.12.7 CCxCLED …… 130
  B.12.8 CCxRE …… 130
  B.12.9 CD4CE …… 130
  B.12.10 CD4CLE …… 132
  B.12.11 CD4RE …… 133
  B.12.12 CD4RLE …… 134
  B.12.13 CJxCE …… 135

- B.12.14 CJxRE ········ 137
- B.12.15 CR8CE 与 CR16CE ········ 139
- B.13 触发器 ········ 140
  - B.13.1 FD ········ 140
  - B.13.2 FD_1 ········ 140
  - B.13.3 FDC ········ 140
  - B.13.4 FDC_1 ········ 141
  - B.13.5 FDCE ········ 141
  - B.13.6 FDCE_1 ········ 142
  - B.13.7 FDE ········ 142
  - B.13.8 FDE_1 ········ 142
  - B.13.9 FDP ········ 143
  - B.13.10 FDP_1 ········ 143
  - B.13.11 FDPE ········ 143
  - B.13.12 FDPE_1 ········ 144
  - B.13.13 FDR ········ 144
  - B.13.14 FDR_1 ········ 145
  - B.13.15 FDRE ········ 145
  - B.13.16 FDRE_1 ········ 146
  - B.13.17 FDRS ········ 146
  - B.13.18 FDRS_1 ········ 146
  - B.13.19 FDRSE ········ 147
  - B.13.20 FDRSE_1 ········ 147
  - B.13.21 FDS ········ 148
  - B.13.22 FDS_1 ········ 148
  - B.13.23 FDSE ········ 149
  - B.13.24 FDSE_1 ········ 149
  - B.13.25 FDCP ········ 149
  - B.13.26 FDCP_1 ········ 150
  - B.13.27 FDCPE ········ 150
  - B.13.28 FDCPE_1 ········ 151
  - B.13.29 FDxCE ········ 151
  - B.13.30 FDxRE ········ 152
  - B.13.31 FJKC ········ 153
  - B.13.32 FJKCE ········ 153
  - B.13.33 FJKP ········ 153

B.13.34	FJKPE	154
B.13.35	FJKRSE	154
B.13.36	FJKSRE	155
B.13.37	FTC	156
B.13.38	FTCE	156
B.13.39	FTCLE	156
B.13.40	FTCLEX	157
B.13.41	FTP	157
B.13.42	FTPE	158
B.13.43	FTPLE	158
B.13.44	FTRSE	159
B.13.45	FTSRE	159
B.13.46	FTRSLE	160
B.13.47	FTSRLE	160
B.13.48	IFD、IFD4、IFD8、IFD16	161
B.13.49	IFD_1	162
B.13.50	IFDI	163
B.13.51	IFDX、IFDX4、IFDX8、IFDX16	163
B.13.52	IFDI_1	164
B.13.53	IFDX_1	164
B.14	锁存器	165
B.14.1	ILD、ILD4、ILD8、ILD16	165
B.14.2	ILD_1	165
B.14.3	ILDI	166
B.14.4	ILDI_1	166
B.14.5	ILDX、ILDX4、ILDX8、ILDX16	166
B.14.6	ILDX_1	167
B.14.7	LD、LD4、LD8、LD16	168
B.14.8	LD_1	169
B.14.9	LDC	170
B.14.10	LDC_1	170
B.14.11	LDCE、LD4CE、LD8CE、LD16CE	171
B.14.12	LDCE_1	172
B.14.13	LDCP	173
B.14.14	LDCP_1	173
B.14.15	LDCPE	174

  B.14.16 LDCPE_1 ……………………………………………………………… 175
  B.14.17 LDE ……………………………………………………………… 176
  B.14.18 LDE_1 …………………………………………………………… 176
  B.14.19 LDP ……………………………………………………………… 177
  B.14.20 LDP_1 …………………………………………………………… 178
  B.14.21 LDPE ……………………………………………………………… 179
  B.14.22 LDPE_1 ………………………………………………………… 179
 B.15 带输出缓冲的触发器 ……………………………………………………… 180
  B.15.1 OFD、OFD4、OFD8、OFD16 …………………………………… 180
  B.15.2 OFD_1 …………………………………………………………… 181
  B.15.3 OFDE、OFDE4、OFDE8、OFDE16 …………………………… 181
  B.15.4 OFDE_1 ………………………………………………………… 182
  B.15.5 OFDI ……………………………………………………………… 183
  B.15.6 OFDI_1 …………………………………………………………… 183
  B.15.7 OFDT、OFDT4、OFDT8、OFDT16 …………………………… 183
  B.15.8 OFDT_1 ………………………………………………………… 184
  B.15.9 OFDX、OFDX4、OFDX8、OFDX16 …………………………… 185
  B.15.10 OFDX_1 ………………………………………………………… 185
  B.15.11 OFDXI …………………………………………………………… 185
  B.15.12 OFDXI_1 ……………………………………………………… 186
 B.16 移位寄存器 ………………………………………………………………… 186
  B.16.1 SR4CE、SR8CE、SR16CE ……………………………………… 187
  B.16.2 SR4CLE、SR8CLE、SR16CLE ………………………………… 188
  B.16.3 SR4CLED、SR8CLED、SR16CLED …………………………… 190
  B.16.4 SR4RE、SR8RE、SR16RE ……………………………………… 191
  B.16.5 SR4RLE、SR8RLE、SR16RLE ………………………………… 192
  B.16.6 SR4RLED、SR8RLED、SR16RLED …………………………… 194

附录C 实验记录表格 …………………………………………………………… 196
 C.1 寄存器实验记录表 ………………………………………………………… 196
 C.2 运算器实验记录表 ………………………………………………………… 199
 C.3 存储器实验记录表 ………………………………………………………… 200
 C.4 数据通路实验记录表 ……………………………………………………… 201
 C.5 控制器实验记录表 ………………………………………………………… 204
 C.6 中断接口实验记录表 ……………………………………………………… 205

参考文献 ………………………………………………………………………………… 206

基 础 篇

内容：介绍实验箱的硬件结构、工作原理、指令系统等

目的：供学生在实验前预习,掌握基础知识

1 实验平台概述

1.1 实验平台简介

伟福COP2000计算机组成原理实验系统(以下简称COP2000实验平台)由南京伟福实业有限公司生产,由8位模型机、开关电源、集成开发软件三大部分组成。可针对模型机各部件及整机的结构,设定实验项目,了解并掌握计算机的工作原理。

COP2000实验平台对应的模型机为8位机,数据总线和地址总线均为8位,包括了一个标准CPU所具备的所有部件:运算器ALU、累加器A、工作寄存器W、左移门L、直通门D、右移门R、寄存器组$R_0 \sim R_3$、程序计数器PC、地址寄存器MAR、堆栈寄存器ST、中断向量寄存器IA、输入端口IN、输出端口寄存器OUT、程序存储器EM、指令寄存器IR、微程序计数器μPC、微程序存储器μM等。

COP2000实验平台具有手动方式、联机方式和模拟方式三种工作方式。

① 手动方式。不连接PC机,通过COP2000实验平台的键盘输入程序、微程序,用LCD(液晶显示屏)及各部件的8个状态LED,两个方向LED观察运行状态和结果,手动进行实验。

② 联机方式。连接PC机,通过Windows调试环境及图形方式进行更为直观的实验。在Windows调试环境中提供了功能强大的逻辑分析和跟踪功能,既可以以波形的方式显示各逻辑关系,也可在跟踪器中,观察到当前状态的说明及提示。

③ 模拟方式。不需COP2000实验平台,仅需计算机即可进行实验。

课程实验侧重了解计算机硬件的结构和工作原理,大部分实验均在手动方式下实现。实验过程中,需要学生通过连线、输入控制信号、输入指令机器码等方式理解并掌握计算机的组成与工作原理。

另外,可以通过COP2000实验平台自带的FPGA扩展板完成较复杂电路的设计。作为课程设计的内容,这部分将在"课程设计篇"重点介绍。

COP2000实验平台的实物如图1.1所示。

1.2 实验平台结构与工作原理

COP2000实验平台包含一个8位的模型机,模型机主要由运算器、存储器、控制器、通用寄存器组等构成。从实验板上可直观的了解计算机内部的硬件结构和数据的流向。硬件结构逻辑如图1.2所示。

模型机各部件由器件、输出显示、输出指示灯、输入指示灯和控制信号输入等组

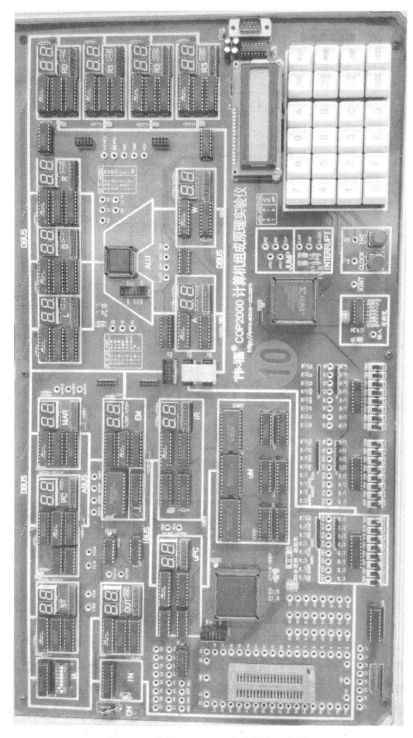

图 1.1 伟福 COP2000 实验平台实物图

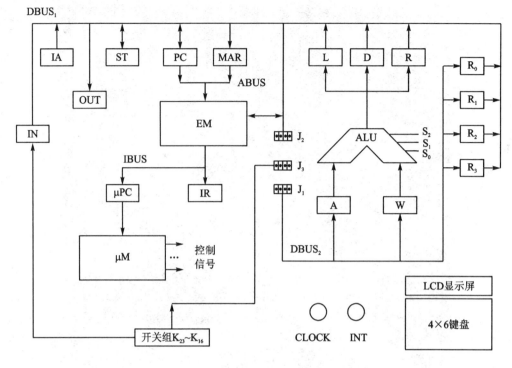

图 1.2　模型机硬件结构逻辑图

成,其结构如图 1.3 所示。

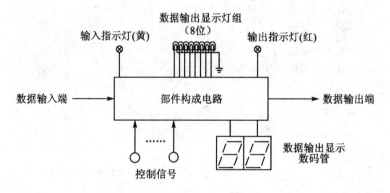

图 1.3　模型机部件示意图

图 1.3 中各部分的含义如下：

① **部件构成电路**。该部件的核心组成,是构成其功能的物理器件的总和。

② **数据输入端**。其数据来源于数据总线,是整个器件的数据来源。

③ **输入指示灯**。当部件工作在输入模式,且控制信号有效时,按下工作脉冲,数据写入时,黄色指示灯亮,部件接收来自数据输入端的内容。其它情况下熄灭。

④ **控制信号**。包括部件的输入(写)控制、输出(读)控制和时钟控制等信号,详

见 1.3.2 小节相关描述。

⑤ **输出指示灯**。当部件工作在输出模式,且控制信号有效时,按下工作脉冲,数据读出时,红色指示灯亮,部件中存储的数据通过数据总线输出到其它部件。其它情况下熄灭。

⑥ **数据输出显示灯组**。显示部件内当前数据的值,以 8 位**二进制**的形式显示,为易损部件,部分小灯常亮或常灭,实验时最好参考数码管的显示。

⑦ **数据输出显示数码管**。显示部件内当前数据的值,以 2 位**十六进制**形式显示,初始一般显示 **FF**。

⑧ **数据输出端**。部件数据送至数据总线的通道,一般通过三态门与总线相连。

说明:实验过程中,注意这几部分的工作顺序和关系。

1.3 模型机的控制信号

模型机中每个部件的输入/输出均受控于**外加**(分项实验,手工连线)或**计算机自动发出**(整机实验,通过指令译码发出)的控制信号。了解这些控制信号设置的原因、发出的时机和顺序,将有利于"计算机组成原理"课程相关知识点的理解。

实验台上时钟信号 CLK 仅有一个,故在实现时要将所需的时钟信号端共接至实验台的 CLOCK 端。

说明:实验过程中,控制端**悬空**(即不连线),表示该端信号输入为**逻辑 1** 状态。

1.3.1 总线切换插座

实验箱中部有 3 个插座 $J_1 \sim J_3$ 和连接排线,当连接排线连接不同的插座时,决定了数据总线的连接方式,从而确定了模型机的不同工作方式和不同的数据通路。通常连接完插座后再打开实验箱的电源,确定其工作方式后再进行后续的操作。表 1.1 描述了不同连接方式的详情。

表 1.1 不同连接方式详情

连接插座	工作方式	描述
$J_1 \sim J_2$	自动模式	当连接 J_1 和 J_2 后开机,则模型机进入自动模式,上端数据总线 $DBUS_1$ 与下端数据总线 $DBUS_2$ 相连;各部件所联控制信号均无效,系统只接受指令发出的控制信号;数据可从开关组 $K_{23} \sim K_{16}$ 经 IN 寄存器输入到总线,再转存至寄存器或存储器
$J_1 \sim J_3$	手动模式	J_1 和 J_3 连接后开机,模型机进入手动模式;数据可从开关组 $K_{23} \sim K_{16}$ 传送至 $DBUS_2$,在写控制信号的作用下,可将数据写入寄存器 A、寄存器 W,以及通用寄存器组 $R_0 \sim R_3$ 中
$J_2 \sim J_3$	手动模式	J_2 和 J_3 连接后开机,模型机进入手动模式;数据可从开关组 $K_{23} \sim K_{16}$ 传送至 $DBUS_1$,设置相应的控制信号,数据可以写入上端的各个寄存器

说明：实验过程中可以切换插座的连接，但无法改变实验箱的工作方式，仅能改变数据的连接通道。

1.3.2 寄存器控制信号

寄存器主要用于存储程序运行过程中所需的数据或地址信息。由于模型机为8位计算机，故实验箱中一般为8位寄存器。COP2000实验平台采用74HC574构成寄存器，以A寄存器为例，其硬件连线如图1.4所示。

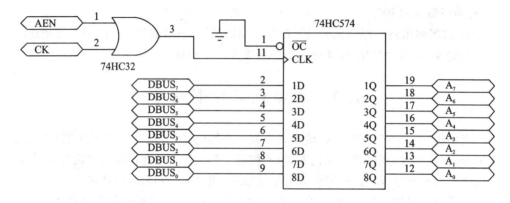

图 1.4 寄存器 A 原理图

COP2000实验平台在交付产品时，输入/输出数据线已经固化在PCB(printed circuit board,印刷电路板)上。因此在进行A寄存器写入时，仅需使得AEN有效（低电平），将ALUCLK接至实验台的CLOCK键，按下和抬起CLOCK键，即可完成将开关组数据写入寄存器A的操作。

COP2000实验平台中寄存器较多，各寄存器含义及控制信号均有差异。考虑到工作脉冲是每个寄存器所必须的，表1.2中仅列出所需的控制信号及说明。

表 1.2 寄存器及控制信号详情表

缩　写	寄存器名	控制信号说明
A	Accumulator register 累加器	AEN：A寄存器写入使能，输入控制信号，0有效
W	Working register 工作寄存器	WEN：W寄存器写入使能，输入控制信号，0有效
D	Direct register 直通寄存器	无输入控制信号，ALU的运算结果直接输出至寄存器；当 $X_2X_1X_0=100$ 时，D寄存器内容输出至总线
L	Left shift register 左移寄存器	无输入控制信号，ALU的运算结果左移后输出至寄存器，此时 $L=2*D$；当 $X_2X_1X_0=110$ 时，L寄存器内容输出至总线
R	Right shift register 右移寄存器	无输入控制信号，ALU的运算结果右移后输出至寄存器，此时 $R=D/2$；当 $X_2X_1X_0=101$ 时，R寄存器内容输出至总线

1 实验平台概述

续表 1.2

缩 写	寄存器名	控制信号说明
$R_0 \sim R_3$	通用寄存器 $R_0 \sim R_3$	RRD:寄存器组读信号,输出控制信号,0 有效; RWR:寄存器组写信号,输入控制信号,0 有效; S_B,S_A 为寄存器选择信号,当 $S_B S_A$ 为 00～11 时,表示分别选中寄存器 $R_0 \sim R_3$
PC	Program Counter 程序计数器	PCOE:PC 输出使能,0 有效;有效时将 PC 内容输出至 ABUS,表示输出程序地址。其他控制信号详见表 1.3
MAR	Memory address register 主存地址寄存器	MAROE:MAR 输出使能,0 有效;有效时将 MAR 内容输出至 ABUS,表示输出数据地址 MAREN:MAR 输入使能,0 有效;用于接收和保存数据总线传输的地址数据
ST	Stack register 堆栈寄存器	STEN:ST 寄存器写入使能,输入控制信号,0 有效
IR	Instruction register 指令寄存器	IREN:IR 寄存器写入使能,输入控制信号,0 有效
OUT	输出寄存器	OUTEN:OUT 寄存器写入使能,输入控制信号,0 有效

说明:实验过程中连接完所需的控制信号后,需要将该器件的 XXCK 信号(如 MAR 为 MARCK,A 寄存器和 W 寄存器共用一个 ALUCK)连接至实验台的 CLOCK 按钮处。当数据和控制信号准备好后,再单击 CLOCK。上述控制信号的意义,请在"寄存器实验"中进一步体会。

1.3.3 程序计数器的控制信号

程序计数器(PC)是计算机中非常重要的寄存器,用于存储下一条要执行指令的地址,且根据冯氏计算机"顺序执行"的特点具备自动加 1 的功能。用于在顺序执行的情况下指向后续指令的执行地址,以方便下次取指。程序计数器具备最基本的功能:

① **地址预置**。程序运行时初始地址的写入、跳转时转移地址的置入。
② **自动加 1**。保证程序的顺序执行。
③ **地址输出**。为取指提供指令地址。

COP2000 实验平台中,PC 寄存器是由两片 74HC161 构成的 8 位带预置功能的计数器,预置数据来自数据总线。计数器的输出通过 74HC245(PCOE)送到地址总线。PC 值还可以通过 74HC245(PCOE_D)送回数据总线。电路实现原理如图 1.5 所示。

上述控制信号中,具体信号的含义如下:

① 图 1.5 中 DBUS 与图 1.2 中 $DBUS_1$ 对应,图 1.5 中 ABUS 与图 1.2 中

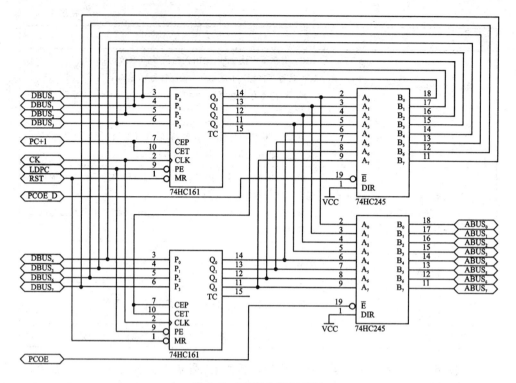

图 1.5 PC 寄存器原理图

ABUS 对应;

② 当 RST = 0 时,PC 计数器被清 0;

③ 当 LDPC = 0 时,在 CK 的上升沿,预置数据被打入 PC 计数器;

④ 当 PC+1 = 1 时,在 CK 的上升沿,PC 计数器加 1,COP2000 实验平台中通过 PCOE 取反产生 PC+1 信号;

⑤ 当 PCOE = 0 时,PC 值送数据总线。

程序除正常顺序执行情况外,还存在执行过程中修改 PC 的情况。硬件上的设计必须支持指令的译码,故图 1.5 中的 LDPC 需依据指令的译码输出。COP2000 实验平台中 LDPC 的产生由微命令 ELP、指令字段 IR_3、IR_2(单操作数指令中,此两位为操作码的一部分)、进位标识 CY 和结果为零标识 Z(条件转移的确定条件之一)来共同确定。

PC 打入控制电路由一片 74HC151 八选一构成。其硬件原理图如图 1.6 所示。

图 1.6 中,芯片使能端已接至有效,输出端取决于选择端 CBA 和数据的输入端 $I_0 \sim I_7$。根据选择器的工作逻辑,当 CBA=000～111 时,输出端的值对应为 $I_0 \sim I_7$ 的输入之相反数。

据之前描述,LDPC=0 时,在 CK 的上升沿,预置数据被打入 PC 计数器。根据图 1.6 分析各种条件下的预置使能情况如下:

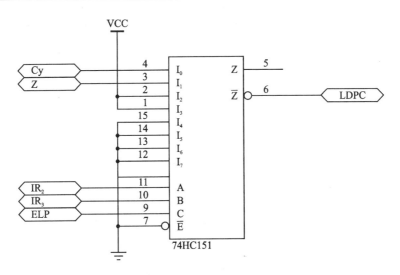

图 1.6　PC 打入控制原理图

① 当 ELP=1 时，CBA=100，LDPC=$\overline{I_4}$=1，不允许 PC 被预置；
② 当 ELP=0 时，LDPC 由 IR_3，IR_2，Cy，Z 确定。

- 当 $IR_3 IR_2$=11 或 10 时，CBA=011 或 010，选定输入 I_2 或 I_3。由图 1.6 可知，两者均为逻辑 1，取反得 0，即 LDPC=0，PC 被预置，对应无条件转移的情况，即 JMP XX（转移地址）；
- 当 $IR_3 IR_2$=00 时，CBA=000，选定 I_0，即 LDPC=$\overline{Cy}$，当 Cy=1 时，PC 被预置，对应有进位则转移的情况，即 JC XX（转移地址）；
- 当 $IR_3 IR_2$=01 时，CBA=001，选定 I_1，即 LDPC=$\overline{Z}$，当 Z=1 时，PC 被预置，对应结果为零则转移的情况，即 JZ XX（转移地址）。

说明：在进行"寄存器实验"时，手动连线控制 PC+1 和 PC 置入的不同操作；在进行"控制器实验"时，应观察 PC 被预置时，对应的控制信号发出是否与上列描述相符。

1.3.4　总线控制信号

总线是连接计算机内各部件的纽带。借助于总线连接，计算机在各部件之间实现地址、数据和控制信息的交换，并在争用资源的基础上进行工作。

当多个部件与总线相连时，如果出现两个或两个以上部件同时向总线发送信息，会导致信号冲突，传输信息无效。任意一条总线中，在同一时刻必须防止总线冲突的出现。

在图 1.7 所示的电路中，当 A 和 B 向总线分别送 0000B 与 1111B 时，总线 $D_3 \sim D_0$ 上的数据无法确定，即发生了总线冲突。

为有效防止总线冲突，计算机在实现时，挂载到总线的部件均通过三态门与总线

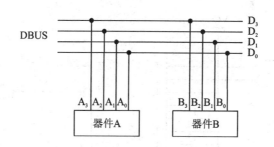

图 1.7　总线冲突示意图

相连。三态门的数据具有逻辑 0 态、逻辑 1 态和高阻态三种状态,其结构及真值表如图 1.8 所示。

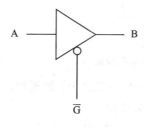

$\overline{G}$	A	B
0	0	0
0	1	1
1	0	高阻态
1	1	高阻态

图 1.8　三态门及其真值表图

当片选信号 $\overline{G}$ 为 0 时,三态门处于导通状态,相当于 AB 两端直连,此时部件内的内容可以传输至总线;当片选端为 1 时,三态门处于截止状态,相当于 AB 两端物理断开,故关闭了部件内容与总线的传输通道。任何时候应使得仅有一个部件向总线传输数据,保证数据操作的正确性。

在图 1.9 所示的电路中,控制信号 $\overline{G_A}$ 有效时,数据总线 DBUS 接收 A 传输的数据;当 $\overline{G_B}$ 有效时,数据总线 DBUS 仅能收到 B 传输的数据;若两者均无效,则总线 DBUS 上无有效数据;若两者均有效,则总线上又将出现冲突的情况。任何计算机上均需设置

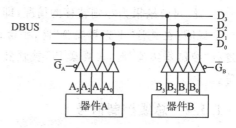

图 1.9　加入三态门后的总线连接图

总线的控制逻辑,使得在任何时刻,仅能有一个数据源向数据总线提供数据。

COP2000 实验平台设置了总线控制逻辑,通过 3 个控制信号 $X_2 X_1 X_0$ 的设置,使得同时发往总线的器件仅有一个。控制信号译码及 DBUS 上内容对应关系如表 1.3 所示。

💡 **说明:** 图 1.2 中,当 J_3 和 J_2 相连时,开关 $K_{23} \sim K_{16}$ 数据直接送至总线,此时需要将 $X_2 X_1 X_0$ 置位 111 状态或悬空,以避免冲突;另外通用寄存器 $R_0 \sim R_3$ 的输出不受 $X_2 X_1 X_0$ 控制,手动连线时,若 $X_2 X_1 X_0$ 为 000~110 状态,应使 RRD=1,以避免总线

冲突。

实验中可以制造总线冲突的情况,通过右侧 LCD 显示屏观察总线的数据。

表 1.3　控制信号与 DBUS 数据对应表

X_2	X_1	X_0	DBUS 数据
0	0	0	IN,接收开关数据 $K_{23} \sim K_{16}$
0	0	1	IA,中断向量寄存器输出
0	1	0	ST,堆栈寄存器输出
0	1	1	PC,程序计数器输出,一般用在直接寻址方式下
1	0	0	D,将 ALU 运算结果输出至总线
1	0	1	R,将 ALU 运算结果右移一位后输出至总线
1	1	0	L,将 ALU 运算结果左移一位后输出至总线
1	1	1	无数据,总线空载

1.3.5　运算器控制信号

COP2000 实验箱采用了 8 位二进制运算器,具有 8 种运算,其运算类型由控制信号 $S_2 S_1 S_0$ 确定,控制信号与运算类型关系如表 1.4 所示。

表 1.4　控制信号与运算类型对应表

S_2	S_1	S_0	功　能
0	0	0	A 加 W,A 与 W 寄存器中内容进行算术加法运算
0	0	1	A 减 W,A 与 W 寄存器中内容进行算术减法运算
0	1	0	A|W,A 与 W 寄存器中数据逐位相或
0	1	1	A&W,A 与 W 寄存器中数据逐位相与
1	0	0	A 加 W 加 C,带进位加法
1	0	1	A 减 W 减 C,带进位减法
1	1	0	~A,将累加器 A 内容取反输出
1	1	1	A,输出累加器 A 的内容

说明:在"运算器"实验中,切换 $S_2 \sim S_0$ 的不同取值,观察输出的结果。

1.3.6　模型机整机控制信号

上述章节介绍了模型机各部分的控制信号,计算机要保证数据的正确流动及运算,需要自动有序地发出控制信号。COP2000 实验平台将所有可外加的 24 个控制信号进行编号,通过微程序控制器或硬布线控制电路自动产生和发出控制信号序列,从而有效地完成相应功能。添加控制信号后的模型机硬件结构如图1.10所示。

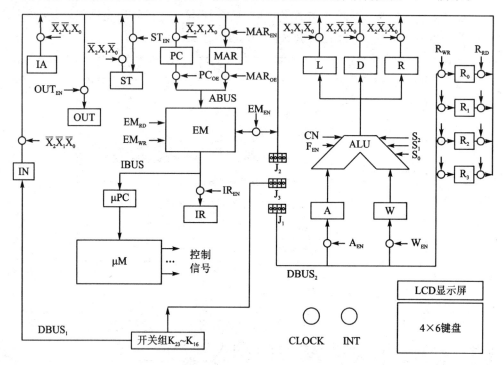

图 1.10　添加控制信号后的模型机硬件结构图

图1.10中控制信号编号、缩写，以及含义如表1.5所示，为和后续微程序部分对应，按从高到低的序号进行排序。表1.5中信号除特殊说明外，均是0有效。

表 1.5　模型机控制信号列表

编号	缩写	含　义
23	XRD	外部设备读信号，当给出了外设的地址后，输出此信号，从指定外设读数据。已有实验项目中不涉及
22	EMWR	程序存储器EM写信号
21	EMRD	程序存储器EM读信号
20	PCOE	将程序计数器PC的值送到地址总线ABUS上
19	EMEN	将程序存储器EM与数据总线DBUS接通，由EMWR和EMRD决定是将DBUS数据写到EM中，还是从EM读出数据送到DBUS
18	IREN	将程序存储器EM读出的数据打入指令寄存器IR和微指令计数器μPC
17	EINT	中断返回时清除中断响应和中断请求标志，便于下次中断
16	ELP	PC打入允许，与指令寄存器的IR_3、IR_2位结合，控制程序跳转
15	MAREN	将数据总线DBUS上数据打入地址寄存器MAR

续表 1.5

编号	缩写	含义
14	MAROE	将地址寄存器 MAR 的值送到地址总线 ABUS 上
13	OUTEN	将数据总线 DBUS 上数据送到输出端口寄存器 OUT 里
12	STEN	将数据总线 DBUS 上数据存入堆栈寄存器 ST 中
11	RRD	读寄存器组 $R_0 \sim R_3$,寄存器 R 的选择由指令的最低两位决定
10	RWR	写寄存器组 $R_0 \sim R_3$,寄存器 R 的选择由指令的最低两位决定
9	CN	决定运算器是否带进位移位,CN=1 带进位,CN=0 不带进位
8	FEN	将标志位存入 ALU 内部的标志寄存器
7	X_2	
6	X_1	三位组合来译码选择将数据送到 DBUS 上的寄存器
5	X_0	
4	WEN	将数据总线 DBUS 的值打入工作寄存器 W 中
3	AEN	将数据总线 DBUS 的值打入累加器 A 中
2	S_2	
1	S_1	三位组合决定 ALU 做何种运算
0	S_0	

说明:实验台左下侧开关上方有单独的区域标示以上信号,在标示的上方有小灯。当执行指令时,将显示每个机器周期所发出的控制信号;为了排错方便,建议在连线时,对应的控制信号连接到标示下相应的开关上。

1.4　模型机的指令系统

模型机为 8 位计算机(字长为 8 位,即 1 个字=1 字节),数据总线和地址总线的宽度均为 8 位。存储器每个单元存储一个字节的数据。

模型机中,若指令的操作数不涉及存储器操作,则指令的长度为一个字节,否则为两个字节。

1.4.1　指令结构

模型机的缺省指令集包括算术运算类指令、逻辑运算类指令、移位类指令、数据传输类指令、跳转类指令、中断返回类指令、输入/输出类指令等类别。根据操作数的个数不同,可将模型机汇编指令分成 3 种类型。

汇编指令结构如图 1.11 所示。

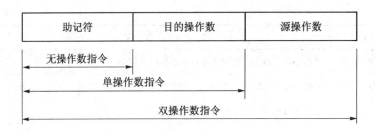

图 1.11 模型机汇编指令结构图

对指令的类型说明如下:
① **无操作数指令**。仅有 IN、OUT、RET、RETI 和 NOP 等功能简单的指令。
② **单操作数指令**。包含移位指令、取反指令等单对累加器 A 操作的指令,此时累加器 A 既是源操作数,又是目的操作数;还包含转移指令等改变指令执行顺序的指令。
③ **双操作数指令**。机器中大部分指令均为这种类型,两个操作数中至少有一个操作为寄存器类型。

上述不同类型的指令,其操作码位数各异,寻址方式也有较大不同。

1.4.2 指令的寻址方式

模型机的寻址方式分为立即数寻址、寄存器寻址、寄存器间接寻址、存储器直接寻址、立即数寻址 5 种方式,寻址方式及简要说明如表 1.6 所示。

表 1.6 模型机寻址方式列表

寻址方式	简要说明
累加器寻址	操作数为累加器 A,例如 CPL A 是将累加器 A 值取反,还有些指令是隐含寻址累加器 A,例如 OUT 是将累加器 A 的值输出到输出端口寄存器 OUT
寄存器寻址	参与运算的数据在 $R_0 \sim R_3$ 的寄存器中,例如 ADD A,R_0 指令是将寄存器 R_0 的值加上累加器 A 的值,再存入累加器 A 中
寄存器间接寻址	参与运算的数据在存储器 EM 中,数据的地址在寄存器 $R_0 \sim R_3$ 中,例如 MOV A,@R_1 指令是将寄存器 R_1 的值做为地址,把存储器 EM 中该地址的内容送入累加器 A 中
存储器直接寻址	参与运算的数据在存储器 EM 中,数据的地址为指令的操作数。例如 AND A,40H 指令是将存储器 EM 中 40H 单元的数据与累加器 A 的值做逻辑与运算,结果存入累加器 A
立即数寻址	参与运算的数据为指令的操作数。例如 SUB A,#10H 是从累加器 A 中减去立即数 10H,结果存入累加器 A

1.4.3 指令的种类

根据不同划分条件,模型机的指令可分成多个种类,具体指令类型如表 1.7 所示。

表 1.7 指令的分类列表

分类条件	指令种类	简要说明
指令长度	单字长指令	当寻址方式为累加器寻址、寄存器寻址、寄存器间接寻址时,一般为单字长指令,仅需机器码 1 一个字节(字)
	双字长指令	当寻址方式为立即数寻址和直接寻址时,一般为双字长指令,即第二个字用于指明数据或者数据所在存储单位的地址值,需要机器码 1 和机器码 2 共两个字节(字)
操作数个数	双操作数指令	加、减、与、或等运算类指令,以及传送指令一般包含两个操作数
	单操作数指令	移位、转移、子函数调用、取反等指令一般为单操作数指令
	无操作数指令	返回、输入输出指令、空操作指令为无操作数指令

1.4.4 指令的扩展

模型机指令默认操作码长度为 4 位,远不能满足模型机的指令需求,因此在设计模型机指令系统时采用了操作码可扩展的方式。

① **双操作数指令**。操作码为 4 位,0001~1000 共 8 条。
② **单操作数和无操作数指令**。操作码为 6 位,即 100100~111111。

指令的结构及相关字段说明详见 1.4.5 小节描述。

1.4.5 双操作数机器指令结构

双操作数指令包含 4 位的操作码、2 位的源操作数/目的操作数寻址方式和通用寄存器编号三部分,指令结构如图 1.12 所示。

图 1.12 模型机双操作数机器指令结构图

上述三个字段中,每个字段的含义说明如下:
① **OP**:操作码。表征指令要完成的操作,如加法、减法、传送操作等。
② **MS/MD**:寻址方式字段。表征源操作数或目的操作数的寻址方式。
③ **XX**:通用寄存器编号。XX=00~11 表示对应通用寄存器 R_0~R_3,若指令中无 R_0~R_3,字段 XX 一般取 00。

双操作数指令中,共支持4种寻址方式,寻址方式字段编号与寻址方式的关系如表1.8所示。

表1.8 寻址方式字段与寻址方式关系表

MS/MD	寻址方式	助记符	含 义
00	寄存器直接	R	操作数=(R)
01	寄存器间接	@R	操作数=((R))
10	直接寻址	MM	操作数=(MM)
11	立即数寻址	♯II	操作数=II

模型机中操作码部分为4位,最多能表示16种指令,其中0000为系统占用,分配给双操作数指令的操作码共有8条,主要为运算类指令和传送类指令。双操作数指令对应的助记符与操作码的映射关系如表1.9所示。

表1.9 助记符与双操作数操作码映射关系表

操作码	助记符	含 义
0001	ADD	累加器A与另外一个操作数进行加法运算
0010	ADDC	累加器A与另外一个操作数进行带进位的加法运算
0011	SUB	累加器A减去另外一个操作数
0100	SUBC	累加器A减去另外一个操作数,再减去进位位C
0101	AND	累加器A与另外一个操作数按位相与
0110	OR	累加器A与另外一个操作数按位相或
0111	MOV	完成源操作数传送到累加器A的操作
1000	MOV	完成累加器A到另外一个操作数的传送操作;或者将立即数传送至通用寄存器的操作

例 设有指令ADD A,R3,依据上述描述,则指令的机器码如图1.13所示。

操作码	寻址方式	R3编号
0001	00	11

图1.13 ADD A,R3机器码

1.4.6 单操作数和无操作数机器指令结构

单操作数指令包含6位的操作码,指令结构如图1.14所示。

上述字段中,每个字段的含义说明如下:

① OP:**操作码**。表征指令要完成的操作,如转移、移位、返回等。

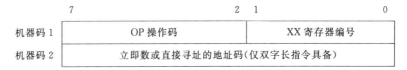

图 1.14 模型机双操作数机器指令结构图

② **XX**：由于单操作数和无操作数指令中未涉及通用寄存器 $R_0 \sim R_3$，故字段 XX 一般取 00。

6 位的操作码与指令的助记符及功能说明如表 1.10 所示。

表 1.10 助记符与单操作数及无操作数指令操作码映射关系表

操作码	助记符	含 义
100100	READ	完成外部数据与累加器 A 的数据交换2,外设扩展实验使用
100101	WRITE	
101000	JC	若进位标志置1,跳转到指令中给定的地址执行
101001	JZ	若结果为0标志置1,跳转到指令中给定的地址执行
101011	JMP	无条件转移至指令中给定的地址执行
101111	CALL	调用子程序指令
110000	IN	从输入端口读入数据到累加器 A 中
110001	OUT	将累加器 A 中数据输出到输出端口
110011	RET	子程序返回
110100	RR	累加器 A 右移
110101	RL	累加器 A 左移
110110	RRC	累加器 A 带进位右移
110111	RLC	累加器 A 带进位左移
111000	NOP	空操作指令
111001	CPL	累加器 A 取反,再存入累加器 A 中
111011	RETI	中断子程序返回

上述指令中,除 NOP、RET、RETI、IN 和 OUT 零操作数指令外,其余均为单操作数指令,操作数为下一条指令地址或累加器 A。

1.4.7 模型机指令集

通过上述分析,模型机的指令码为 8 位,根据操作数个数的不同,可以有 0~2 个操作数；根据操作数寻址方式,每条指令可有 1 个或两个机器码。指令码的最低两位用来选择 $R_0 \sim R_3$ 寄存器。指令的功能不同,执行时间上有区别,一般在 1~4 个机器周期内完成,用 $T_3 \sim T_0$ 表示。

模型机的全部指令集及详解,请参见附录 A。

1.5 存储器的组织

COP2000 实验平台包含一块 256×8 的存储器,存储器地址范围为 00H～0FFH,每个存储单位存放一个字节(8 位计算机中 1 字＝1 字节)的数据。用户在编写程序时,程序和数据均可以存放在该存储器中。由于 COP2000 实验平台并无操作系统,无法对内存中程序进行有效保护。学生在进行编程实验时,应遵循将操作数据独立于程序区进行存储的原则,以避免运行过程中对程序的不慎修改。

由模型机的结构可知,指令的地址存放在 PC 寄存器中,数据的地址存放在 MAR 寄存器中,两者的输出连接至地址总线 ABUS 后,作为存储器的地址输入。

无论是指令还是数据,均通过数据总线 DBUS 传入存储器。在读出时,根据提供地址部件(PC 或 MAR)的不同,说明获取的为不同类型的数据,传送的路径有所不同:数据直接送至 DBUS,而指令则通过指令总线 IBUS 传送至 IR 和 μPC。

COP2000 实验平台存储器与系统连线及结构示意图如图 1.15 所示。

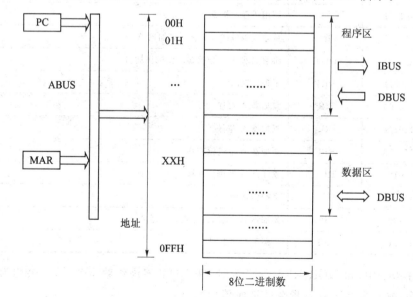

图 1.15 存储器与系统连线及结构示意图

存储器 EM 的物理器件由一片 6116RAM 构成,通过一片 74HC245 与数据总线相连。存储器 EM 的地址可选择由 PC 或 MAR 提供。其数据输出直接接到指令总线 IBUS,指令总线 IBUS 的数据还可以来自一片 74HC245。

在图 1.16 所示的存储器实现原理图可以看出:

EMEN 负责控制是否开启与 DBUS 的连接。写操作时,需要将双向三态门 74HC245 打开,数据传输的方向由 EMWR 来控制。若 EMWR 有效,则为存储器写操作,此时经取反后,DIR 的输入为 1,数据从 B 端传向 A 端;反之,则从 A 端传向 B 端。

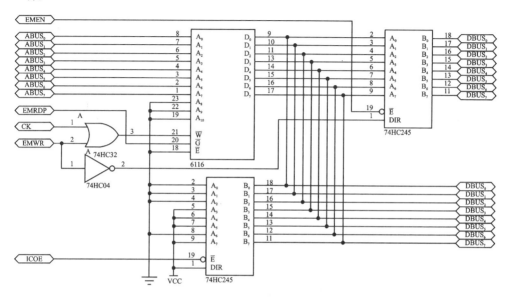

图 1.16 存储器原理图

在进行"存储器实验"操作时,对存储器的操作有两种方式:连线方式和小键盘输入方式。

① **连线方式**。需要正确设置 EMEN、EMWR、EMRD 的状态,对提供的数据,可写入 PC 或 MAR 指定的单元中;或者对指定的单元读取,将数据送至 DBUS 或 IBUS。操作过程中要频繁切换写入类型(数据或地址),操作过程较繁琐,也容易操作失误,但对存储器的组织和读写方式的理解效果较好。

② **小键盘输入方式**。完全通过键盘的控制,完成连续单元的数据存储。该方式操作简单,操作效果明了。在掌握存储器工作原理后,日常的指令输入、数据区内容的输入均可采取这种方式。

1.6 COP2000 实验平台小键盘与液晶屏介绍

COP2000 实验平台可以用其自带的键盘输入程序及微程序,并可以单步调试程序和微程序,在显示屏上观察各内部寄存器的值,编辑修改程序和微程序存储器。

1.6.1 液晶屏功能说明

COP2000 实验平台提供液晶屏,可以显示两行数据,在手动模式(J_3 与 J_2 或 J_1 连接开机)和自动模式下(J_1和J_2连接开机),液晶屏显示的内容有较大区别。

① **手动模式下**。液晶屏实时显示当前总线切换插座的连接状态和$DBUS_1$的数据,其显示形式如图1.17所示。

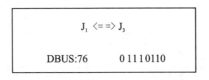

图1.17 手动模式下液晶屏显示图

② **自动模式下**。液晶屏有三种显示模式,即:内部寄存器显示模式(默认)、EM存储器显示和修改模式、微程序存储器显示和修改模式。利用键盘的TAB键可完成三种模式的切换。不同模式下显示的内容及切换方法如图1.18所示。

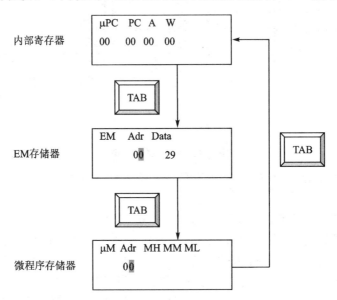

图1.18 各种显示模式下液晶屏显示及切换方法图

1.6.2 按键功能说明

COP2000实验平台提供的4×6键盘,其布局如图1.19所示。

COP2000实验平台在自动模式下(即连接J_1和J_2开机),键盘功能有效;否则仅RST按键有效。上述键盘中,对应的按键功能说明如下:

① **0~F**:对应十六进制数,可作为地址和数据的输入。

② **TAB**:切换液晶屏的显示模式。

③ **RST**:复位键。按下此键,程序中止运行,所有寄存器清零,程序指针回到0地址。

1 实验平台概述

图 1.19　COP2000 实验平台键盘图

④ **LAST**：向前翻页键。不同模式下有不同的功能，操作后，显示上一屏寄存器状态，或显示上一个存储单元的内容，或显示上一个微存储单元内容。

⑤ **NEXT**：向后翻页键。与 LAST 操作相反。

⑥ **MON**：在 EM 存储器显示和修改模式下，切换成编辑地址的状态。

⑦ **TRACE MODE**：微程序单步执行键。每次按下此键，就执行一个微程序指令，同时显示屏显示微程序计数器、程序计数器、A 寄存器、W 寄存器的值。可以通过 NEXT 或 LAST 键翻页观察其他寄存器的值。也可以用 CLOCK 按键给出微程序执行的每个时钟，当 CLOCK 键按下和松开时，观察各个寄存器的输出和输入灯的状态。

⑧ **STEP MOVE**：程序单步执行键。每次按下此键，就执行一条程序指令，同时显示屏显示微程序计数器、程序计数器、A 寄存器、W 寄存器的值。可以通过 NEXT 或 LAST 键翻页观察其他寄存器的值。

⑨ **EXEC**：全速执行键。按下此键时，程序就会全速执行。显示屏显示"Running..."，按键盘任一键中止程序执行。

1.6.3　内部寄存器显示

由于内部寄存器（以及状态位）较多，在显示屏上无法一次显示所有寄存器的内容，所以，在模型机中采用分屏显示的方式，通过单击向前翻页键 LAST 和向后翻页键 NEXT，切换显示各组寄存器的内容。设置寄存器初始状态全为 0，则显示的不同寄存器及切换关系如图 1.20 所示。

1.6.4　EM 存储器显示和修改

该模式下，显示屏上显示存储单元的地址和内容，可以查看和修改该单元的内容，也可以修改地址，查看和修改其他单元的内容。其中"Adr"表示程序存储器地址，"Data"表示该地址中数据。光标初始停在"Adr"处，此时可以用数字键输入想要修改的程序地址，也可以用 NEXT 和 LAST 键将光标移到"Data"处，输入或修改此地址中的数据。再次按 NEXT 或 LAST 键可自动将地址＋1 或将地址－1，并可用

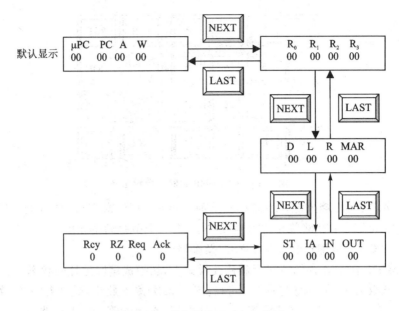

图 1.20 寄存器的显示与切换图

数字键修改数据。按 MON 键可以回到输入地址的状态。设存储器初始状态为全 0,则查看和修改示意图如图 1.21 所示。

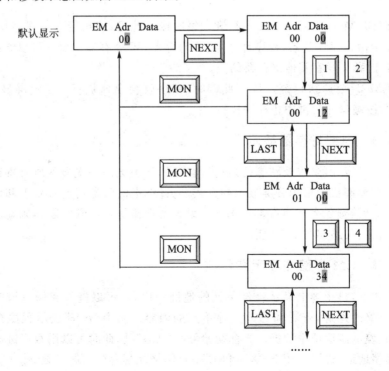

图 1.21 存储器查看与修改示意图

1.6.5 微程序存储器显示和修改

微程序存储器数据的显示、修改与 1.6.4 小节中 EM 存储器的显示和修改方法相似,不同的是微程序要输入 3 个字节,而程序存储器的修改只要输入 1 个字节。微程序显示修改的显示屏内容如图 1.22 所示,其中 Adr 表示微程序地址,MH 表示微程序的高字节,MM 表示微程序的中字节,ML 表示微程序的低字节。

```
μM    Adr    MH MM ML
      00
```

图 1.22 微程序存储器显示和修改示意图

1.7 数据通路

计算机系统中,各个部件通过数据总线连接形成的数据传送路径称为**数据通路**,即数据从什么地方开始,中间经过哪些部件,最后传送到什么位置,都是分析数据通路时需要关注的问题。

数据通路是保证计算机内数据正确流动的硬件基础。在计算机中,从抽象的程序执行到具体的微指令的执行,实际是从软件到硬件的转换过程,是从软件的角度去控制数据通路。从程序到数据通路的执行过程如图 1.23 所示。

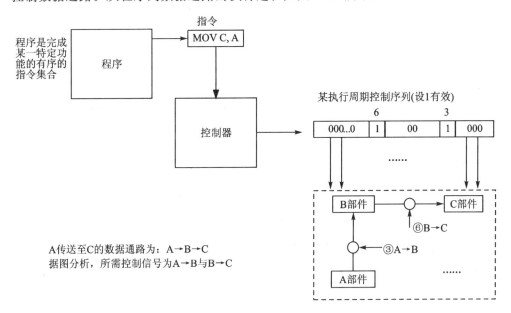

图 1.23 程序到数据通路的执行过程示意图

依据模型机的硬件结构和控制信号,结合模型机的指令系统,分析在模型机中如何理解计算机执行某个操作时的数据通路、控制信号序列等内容。

1.7.1 取指数据通路

通过理论知识的学习,一条指令执行时分取指令、分析指令和执行指令几步完成。取指令操作是所有指令必备的操作,且操作过程完全一致。在模型机中,是如何完成取指令的操作呢？

参照图 1.10,要执行的指令地址存放在 PC 中,将 PC 内容输出至存储器取数据,存储器将单元内容读出后送至指令寄存器 IR,PC 自动完成 PC+1 的操作,取指操作即告完成。其数据的传输通路如图 1.24 所示(为了使图更加易懂,省略了多余部分,数据通路以粗虚线画出)。

根据上述分析,应在取指周期使得 PCOE(20)=0、EMRD(21)=0、IEREN(18)=0(注:括弧中数字为该控制信号在表 1.5 中的编号,亦即在控制信号编码中的位置)。信号列表如表 1.11 所示。

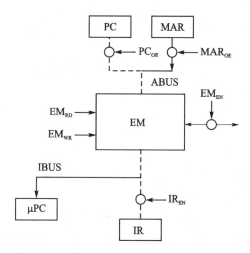

图 1.24 取指数据通路图

表 1.11 取指周期控制信号列表

23	22	21	20	19	18	17	16	15	14	13	12	11	10	9	8	7	6	5	4	3	2	1	0
1	1	0	0	1	0	1	1	1	1	1	1	1	1	1	1	1	1	1	1	1	1	1	1

按照 16 进制编码形式,可知其编码为 0CBFFFFH,无论是微程序控制器还是硬布线控制器,能针对输入的指令,在正确的机器周期发出上述的控制编码。

说明:COP2000 实验平台中,模型机的取指操作是在指令周期的最后进行的,执行本条指令后,取下一条指令。即先执行,后取指。

1.7.2 分析 ADD A,R_3 通路

再分析加法指令 ADD A,R_3。指令的功能可描述为:取出 R_3 寄存器的内容,送至工作寄存器 W,设定 ALU 完成相加操作,将结果送至累加器 A,最后取下一条指令。忽略取指过程,指令的执行可分成取数和运算并送结果两步。

① **取数**。从通用寄存器 R_3 取数送寄存器 A。其数据的传输通路如图 1.25 所示(为了使图更加易懂,省略了多余部分,数据通路以粗虚线画出)。

在通用寄存器组中选定寄存器 R_3(指令译码时根据 IR_1IR_0 已设定 S_B 和 S_A 的值,

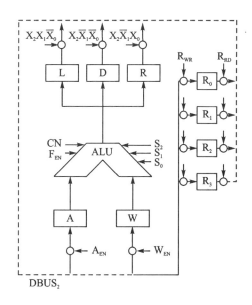

图 1.25 取数操作数据通路图

也是表 1.5 中无 $S_B S_A$ 控制信号的原因),使得寄存器输出三态门打开 RRD(11)=0,数据经数据总线传至 W 寄存器,完成 W 寄存器的写操作 WEN(4)=0,即完成数据从 R_3 到 W 的操作。信号列表如表 1.12 所示。

表 1.12 取数周期控制信号列表

23	22	21	20	19	18	17	16	15	14	13	12	11	10	9	8	7	6	5	4	3	2	1	0
1	1	1	1	1	1	1	1	1	1	1	1	0	1	1	1	1	1	1	0	1	1	1	1

按照 16 进制编码形式,可知其编码为 0FFF7EFH。

② **运算并送结果。** A 和 W 寄存器内容相加,经 D 寄存器直送至 A 寄存器。结合该执行过程的数据来源,所进行的操作,数据的目的地,可分析出其数据的传输通路如图 1.26 所示(为了使图更加易懂,省略了多余部分,数据通路以粗虚线画出,图中①表示运算过程数据通路,②表示送结果过程数据通路。)

操作数据准备完毕后,A 和 W 内容直接送至 ALU 的输入端。设定 ALU 为不带进位的加法模式,此时需要 $S_2(2)=0, S_1(1)=0, S_0(0)=0$,记录状态位 FEN(8)=0。

至此,运算结果已经在 ALU 的输出端,接下来需将结果直送至 A 寄存器。设定 $X_2(7)=1, X_1(6)=0, X_0(5)=0$,将 D 寄存器数据送总线,再打入 A 寄存器完成直送结果操作,需设置 AEN(3)=0。信号列表如表 1.13 所示。

按照 16 进制编码形式,可知其编码为 0FFFE90H。

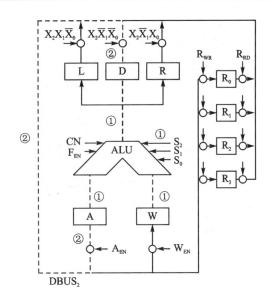

图 1.26 运算并送结果操作数据通路图

表 1.13 运算并送结果周期控制信号列表

23	22	21	20	19	18	17	16	15	14	13	12	11	10	9	8	7	6	5	4	3	2	1	0
1	1	1	1	1	1	1	1	1	1	1	1	1	0	1	0	0	1	0	0	0	0	0	0

总结：通过上述数据通路分析可知，在模型机中要完成 ADD A,R3 指令的功能，控制器依次发出 0FFF7EFH（从 R3 取数）、0FFFE90H（加法运算并将结果直送至 A）和 0CBFFFFH（取指令）的控制序列，即可控制部件完成相应的运算和数据传送过程，从而完成指令的功能。

1.8 模型机微指令集

模型机执行指令时，将该指令取出后，送至 IR。在微程序控制方式下，同时将指令的高 6 位送至 μPC。指令寄存器 IR 的低两位作为通用寄存器组的寄存器选择端；其他位在程序执行时仅作为 μPC 的高 6 位使用，再无其他实际意义。

μPC 为微程序计数器，用于存储微指令在 μM 中的位置。存储器 μM 始终输出 μPC 指定地址单元的数据。如前 1.7 节所描述的，在进行指令设置时，将每条指令执行时进行分步：执行（根据指令功能不同，所需步数有区别）、取指（公共）。且将每步所需的控制信号进行编码（如取指为 0CBFFFFH），以指令的编码作为 μM 的输入地址，将编码存入在微程序存储器 μM 中。

指令执行时，实际是以指令的机器码作为地址，从控制存储器中取出一段事先编好的微程序，逐条执行时发出所需的控制信号，完成指令的功能。微程序在执行时，执行完一条取指微操作,即表示该条指令执行完毕。每条指令占用 4 个微程序存储单元。以 ADD A, R_1 为例,上述过程如图 1.27 所示。

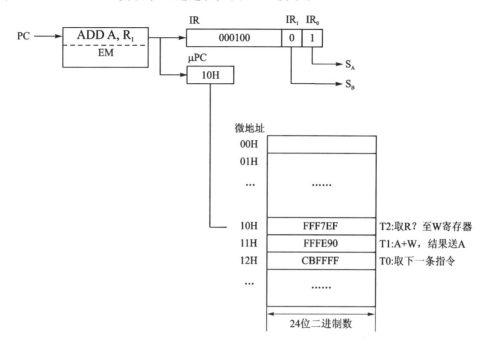

图 1.27　微程序执行过程示意图

模型机的完整微指令集请参见附录 A 中表 A.2,在学习时分析一条指令执行时需要几步完成?数据通过哪些路径传递?每步需要什么控制信号?将自己的分析结果与表中编码对照,对指令系统和 CPU 的学习将大有裨益。

1.9　集成开发环境

COP2000 实验平台自带的集成开发环境,允许用户进行程序的编写、模拟运行、观察数据通路等操作。其主界面及功能说明如图 1.28 所示。

COP2000 集成调试软件界面分六部分:

① **主菜单区**。实现 COP2000 实验平台的各项功能的菜单,包括【文件】、【编辑】、【汇编】、【运行】和【帮助】五大项,详见 1.9.1 小节。

② **快捷图标区**。快速实现各项功能按键。

③ **源程序/机器码区**。在此区域有源程序窗口、反汇编窗口、EM 程序代码窗口。源程序窗口用于输入、显示、编辑汇编源程序;反汇编窗口显示程序编译后的机器码及反汇编的程序;EM 程序代码窗口用数据方式机器码。

④ **结构图/逻辑波形区**。结构图能结构化显示模型机的各部件,以及运行时数

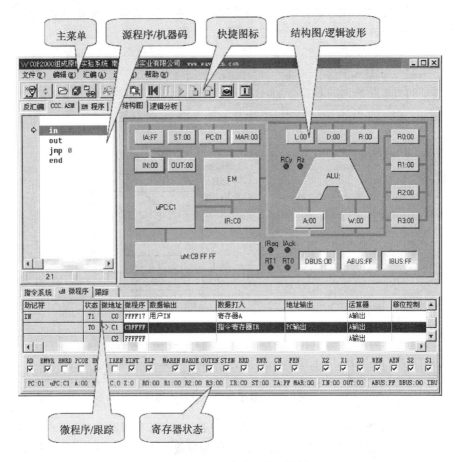

图 1.28 COP2000 集成开发环境界面图

据走向寄存器值;逻辑波形图能显示模型机运行时所有信号的时序。

⑤ **微程序/跟踪区**。微程序表格用来显示程序运行时微程序的时序,以及每个时钟脉冲各控制位的状态。跟踪表用来记录显示程序及微程序执行的轨迹,指令系统可以帮助你设计新的指令系统。

⑥ **寄存器状态区**。用来显示程序执行时各内部寄存器的值。

1.9.1 主菜单

主菜单是实现 COP2000 实验平台的各项功能的菜单,主菜单分【文件】、【编辑】、【汇编】、【运行】和【帮助】五部分。

- 【文件|打开文件】:打开汇编程序或文本文件,若打开的是汇编程序(后缀为 *.ASM),会把程序放在源程序区。若是其他后缀的文本文件,就把打开的文件,放在结构图区。
- 【文件|保存文件】:将修改过的文件保存。不论是汇编源程序还是其他文本

文件,只要被修改过,就会被全部保存。
- 【文件|新建文件】:新建一个空的汇编源程序。
- 【文件|另存为】:将汇编源程序换名保存。
- 【文件|新建指令系统/微程序】:新建一个空的指令系统和微程序,用于自己设计指令系统。见微程序区的指令系统。
- 【文件|调入指令系统/微程序】:调入设计好的指令系统和微程序定义。
- 【文件|保存指令系统/微程序】:保存自己设计的指令系统和微程序。
- 【文件|退出】:退出集成开发环境。
- 【编辑|撤消键入】:撤消上次输入的文本。
- 【编辑|重复键入】:恢复被撤消的文本。
- 【编辑|剪切】:将选中的文本剪切到剪贴板上。
- 【编辑|复制】:将选中的文本复制到剪贴板上。
- 【编辑|粘贴】:从剪贴板上将文本粘贴到光标处。
- 【编辑|全选】:全部选中文本。
- 【汇编|汇编】:将汇编程序汇编成机器码。
- 【运行|全速执行】:全速执行程序。
- 【运行|单指令执行】:每步执行一条汇编程序指令。
- 【运行|单微指令执行】:每步执行一条微程序指令。
- 【运行|暂停】:暂停程序的全速执行。
- 【运行|复位】:将程序指针复位到程序起始处。
- 【帮助|关于】:有关COP2000实验平台及软件的说明。
- 【帮助|帮助】:软件使用帮助。

1.9.2 快捷键图标

集成开发环境的快捷图标如图1.29所示。

图1.29 集成开发环境快捷图标图

COP2000实验平台既可以带硬件进行联机实验,也可以用集成开发环境软件来模拟模型机的运行。图标的"**设置**"功能就是选择使用COP2000硬件实验仪,还是使用软件模拟器。若是使用硬件实验仪,还要选择与实验仪通信所用串行口。选择串行口时,其界面如图 1.30 所示。

"刷新"功能就是在程序运行过程中刷新各寄存器的值,以便在程序全速执行时观察寄存器的内容。

"生成组合逻辑 ABEL 程序"功能就是在用微程序控制方式设计了一套指令系统,并且验证无误后,帮助生成组合逻辑控制方式的 ABEL 程序。

"中断输入"功能就是在软件模拟中断程序时,用此键来申请中断。

其他未列举图标,其功能与菜单中所描述的一致,可参考 1.9.1 小节部分。

图 1.30 选择通信串口示意图

1.9.3 源程序/机器码窗口

源程序/机器码分为三个窗口:源程序窗口、反汇编窗口、EM 程序窗口。

① **源程序窗口**。用于输入、修改程序。在【文件】菜单中打开一个以 "*.ASM" 为后缀的文件时,系统认为此文件为源程序,其内容会在源程序窗口显示,并可以修改,然后编译。若再次打开以 "*.ASM" 为后缀的文件,则新文件将旧文件覆盖,在源程序窗口只显示最新打开的汇编源程序。若打开其他后缀的文件,系统会将其内容显示在"结构图/逻辑分析"窗口区。在【文件】菜单中,使用【新建文件】功能,会清除源程序窗口的内容,让用户重新输入新的程序。

② **反汇编窗口**。用于显示程序地址、机器码、反汇编后的程序。对于一些双字节的指令,紧随其后的机器码、反汇编程序显示是无效的。

③ **EM 程序窗口**。是以十六进制数据的形式显示程序编译后的机器码。可以直接输入数值来修改机器码。

上述窗口的界面如图 1.31 所示。

 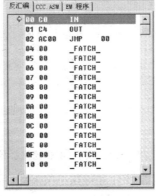 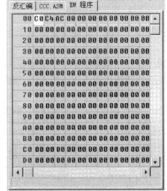

图 1.31 各类代码窗口图

1.9.4 结构/逻辑分析窗口

结构图/逻辑分析分为三种窗口：结构图窗口、逻辑分析窗口、其他文本显示窗口。

① **结构图窗口**。显示模型机的内部结构，包括各种寄存器（A、W、$R_0 \sim R_3$、MAR、IR、ST、L、D、R）、运算器（ALU）、程序指针（PC）、程序存储器（EM）、微程序指针（μPC）、微程序存储器（μM）及各种状态位（RCy、Rz、IReq、IAck）。在程序单步运行时，可以在结构图上看到数据的走向及寄存器的输入/输出状态。当寄存器或存储器显示为红色框时，表示数据从此流出；当寄存器或存储器显示为黄色框时，表示数据流入此寄存器。此时总线上的值也可以从结构图的下方观察到。其中 DBUS 为数据总线、ABUS 为地址总线、IBUS 为指令总线。RT_1、RT_0 显示的将要执行的指令的第几个时钟周期。本模型机最多有四个时钟周期，用 RT_1、RT_0 的 11、10、01、00 四个状态表示。结构图窗口界面如图 1.32 所示。

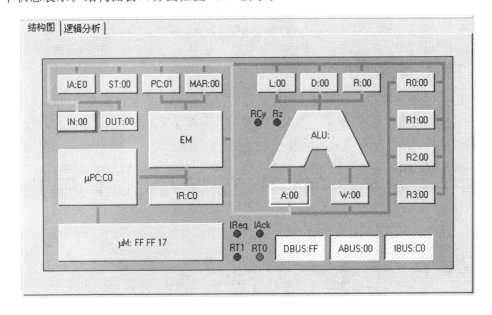

图 1.32 结构图窗口界面图

② **逻辑分析窗口**。显示的是在指令执行时，各种信号的时序波形，包括所有寄存器、所有的控制信号在不同时钟状态下的值，可以直观地看到各种信号彼此之间的先后时序关系。"Cur"光标表示当前时间，可以移动此光标来选择不同的时间，观察此时间下各个寄存器、控制信号的逻辑状态。逻辑分析窗口界面如图 1.33 所示。

在执行【打开文件】时，若打开文件不是汇编程序（后缀不是 *.ASM），那么系统会在此区新建一页来显示打开的文件。若文件被修改过，那么在【保存文件】时，会将所有的修改过的文件存盘。

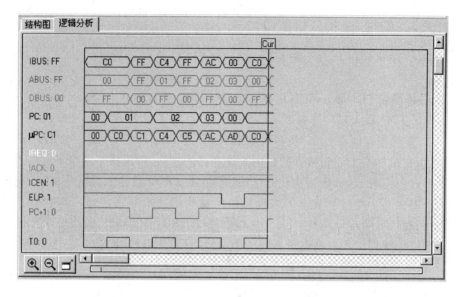

图1.33 逻辑分析窗口界面图

1.9.5 指令/微程序/跟踪窗口

① **指令系统窗口**。用于设计用户自己的指令系统,用户借助此窗口可以设计另外一套独立的指令系统,除了一些由于硬件关系不能改变的指令,其他指令都可由用户自己设计。指令系统窗口如图1.34所示。

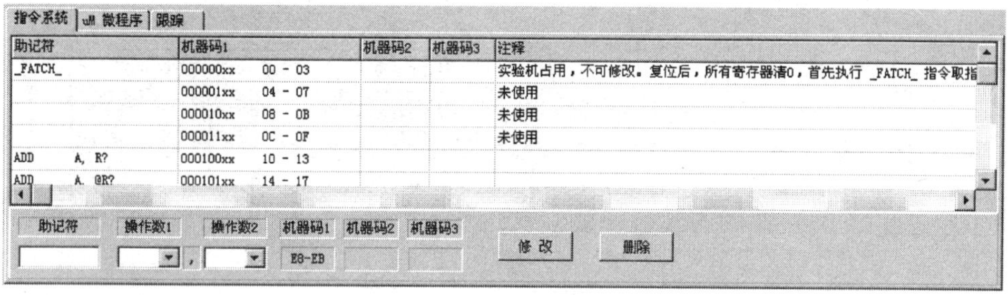

图1.34 指令系统窗口图

各条指令相应的微程序在"μM 微程序"窗口中设计。设计好的指令系统可以用菜单上的【文件|保存指令系统/微程序】功能来存盘,便于下次调用。

② **μM 微程序窗口**。用于观察每条指令所对应微程序的执行过程,以及微代码的状态。在此窗口中,可以看到数据是从何寄存器输出的、数据输入到何寄存器、地址是由PC输出还是由MAR输出、运算器在做何种运算、如何移位、μPC 及 PC 如何工作等。通过改变窗口下方微代码的各个控制位的方式重新设计微程序,与"指令系统"窗口的指令修改相结合,可以设计自己的指令。

1 实验平台概述

微程序窗口如图 1.35 所示。

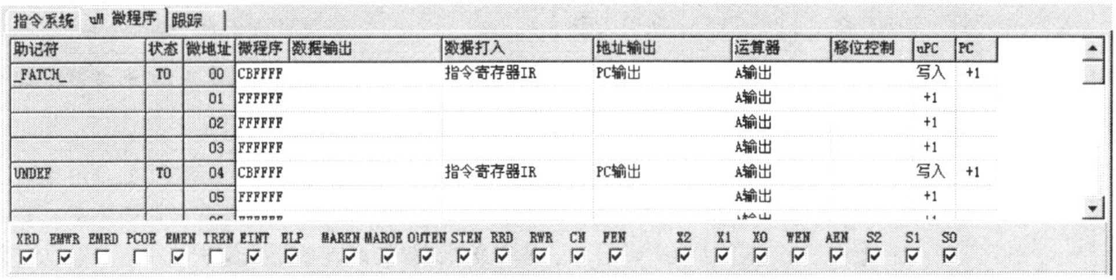

图 1.35 微程序窗口图

③ **跟踪窗口**。显示程序执行过程的轨迹,包括每条被执行的指令、微指令,以及微指令执行时,各控制位、各个寄存器的状态。可以将鼠标移到相应的程序行或微程序行来显示执行该指令或微指令时,各寄存器、控制位的状态。跟踪窗口如图 1.36 所示。

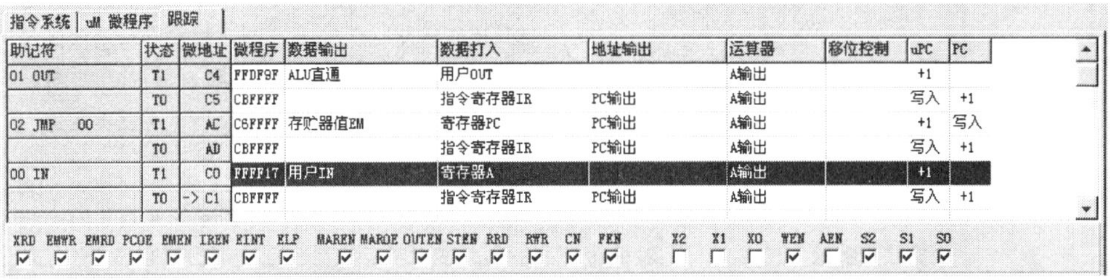

图 1.36 跟踪窗口图

1.9.6 寄存器状态

寄存器状态区显示程序执行时,各内部寄存器的值,位于主界面的最下方。部分寄存器的状态如图 1.37 所示。

图 1.37 部分寄存器状态图

1.10 实验项目列表

课程实验侧重了解计算机硬件的结构和工作原理,大部分实验均在手动方式下实现。实验过程中,学生需要通过连线、输入控制信号、输入指令机器码等完成指定的操作,操作过程中注意理解底层的实现与课程的关联。设定的实验项目如表 1.14 所示。

表 1.14 实验项目列表

实验序号	实验名称	学　时	实验类型	主要实验内容
实验一	寄存器实验	2学时	验证性	完成多个寄存器数据打入的实验,了解各寄存器的控制信号
实验二	运算器实验	2学时	验证性	完成运算器每个功能的操作,熟悉实验台运算器所能完成的功能,以及L、D、R寄存器的关系。掌握运算器到累加器A的数据通路
实验三	存储器实验	2学时	验证性	掌握存储器的读写操作,以及读写时数据、地址、控制信号的时序关系
实验四	数据通路实验	4学时	设计性	设计完整的数据通路,控制数据在运算器、寄存器、存储器之间的传送与运算,着重掌握构架数据通路时所需的控制信号序列
实验五	控制器实验	4学时	综合性	了解模型机的指令系统和寻址方式,对给定的功能编写程序,在实验台上调试,观察每步的运算结果与预期是否一致,最终检测所编程序与功能的相符程度。实验过程中要求注意单步执行时,理解控制信号和数据的送达过程和时序,并通过实践进一步理解控制器的工作原理
实验六	中断接口实验	2学时	验证性	通过编写中断服务程序,手动触发实验台的中断信号,观察中断服务程序的运行情况,以及PC等寄存器的数据变化
选作实验	设计指令/微指令系统实验	4学时	设计性	充分利用微程序控制计算机的可扩展性,自定义指令,通过软件设定指令的执行周期,以及每周期所需要发出的微命令,从而完成指令功能。进一步掌握指令的执行过程,以及微程序控制计算机的工作原理

实 验 篇

内容：各个实验项目的目的、内容、实验步骤等。

目的：实验时，使学生能遵循各实验的步骤操作，并记录操作结果。

2 寄存器实验

2.1 实验目的

了解模型机中各种寄存器(A、W、PC、MAR 等)的含义、结构、工作原理,及其在整机中的作用和控制方法。

2.2 实验内容

利用 COP2000 实验平台上的 $K_{16} \sim K_{23}$ 开关作为 DBUS 的数据,其他开关作为控制信号,将数据写入寄存器。模型机中常用的寄存器包括累加器 A、工作寄存器 W、数据寄存器组 $R_0 \cdots R_3$、主存地址寄存器 MAR、堆栈寄存器 ST、输出寄存器 OUT 等。参照图 1.3 所示电路和表 1.2 所列信号,完成数据写入寄存器的操作。

2.3 预习要求

实验前,应认真预习 1.3.1 小节~1.3.3 小节的内容,对常用寄存器及 PC 寄存器的工作原理、用途、控制信号,以及操作要求有较深的了解。

2.4 实验步骤

首要步骤。将总线切换插座 J_1 与 J_3 或 J_2 与 J_3 相连,打开 COP2000 实验平台电源,确保实验平台进入手动模式。实验连线时,最好将控制信号连接至印有控制信号名称的开关上(如 K_7 对应 X_2、K_0 对应 S_0)。

对每个寄存器的操作均遵循以下步骤:

① 连接正确的总线切换插座,确保开关组 $K_{23} \sim K_{16}$ 的数据可以连接到寄存器的数据输入端;

② 将寄存器的选通端连接至对应开关(如可将 A 寄存器的选通端 AEN 连接至 K3);

③ 将寄存器的工作脉冲端连接至实验台下方红色的 CLOCK 按键;

④ 拨动开关 $K_{23} \sim K_{16}$,准备拟写入数据;

⑤ 将连接选通端的开关拨至逻辑 0,按下 CLOCK 键;

⑥ 观察操作过程中寄存器黄色选择灯(输入)、红色指示灯(输出)的亮灭情况;

⑦ 观察操作后数码管和小灯组的内容,判断数据是否写入寄存器中。

由于寄存器较多,需逐个完成数据的写入操作,熟悉相关的控制信号。

2.4.1 运算寄存器与通用寄存器

累加器 A、工作寄存器 W,以及通用寄存器组 $R_0 \sim R_3$ 的数据输入端连接至下端总线(图 1.2 中 $DBUS_2$)。在实验时先完成控制信号的连线,通过切换不同的选通信号,完成对不同寄存器的操作。实验的连线如表 2.1 所示。

表 2.1 实验连线表

连接序号	信号孔	接入孔	作 用
1	J_1 座	J_3 座	将 $K_{23} \sim K_{16}$ 接入 $DBUS_2$,以作为寄存器输入
2	RRD	K_{11}	通用寄存器组读使能,低电平有效
3	RWR	K_{10}	通用寄存器组写使能,低电平有效
4	WEN	K_4	W 寄存器选通,低电平有效
5	AEN	K_3	A 寄存器选通,低电平有效
6	S_B	K_1	通用寄存器组 $R_0 \sim R_3$ 选择端,如 $S_B S_A = 01$,则选中 R_1
7	S_A	K_0	
8	ALUCK	CLOCK	寄存器工作脉冲,上升沿打入
9	RCK		

对 CLOCK 键的操作:CLOCK 键不触动时,显示灯常亮,说明为高电位,故按下时产生下降沿,松开时产生上升沿。若实验平台中 CLOCK 键不可用,可尝试按住 CLOCK 键后轻晃,或者利用开关或 INT 键代替 CLOCK 键。

具体操作时,将所有控制信号连接至指定开关,切换不同控制信号,改变输入数据,按照以下顺序完成寄存器内容的写入:A、W、R_0、R_1、R_2、R_3。

① **对数据的要求**。将学号的后三位转换成二进制形式(若超过 255,则减去 100,如学号为 ***300,则要求输入的数据为 11001000),在开关 $K_{23} \sim K_{16}$ 输入。

② **对操作的要求**。首先利用拨动开关,选定正确的数据;其次选择正确的操作控制信号;最后按动 CLOCK 键,观察实验中的现象,以及实验结果。

③ **正确的现象**。按住 CLOCK 脉冲键,CLOCK 由高变低,这时寄存器的黄色选择指示灯亮,表明选中了该寄存器。放开 CLOCK 键,CLOCK 由低变高,产生一个上升沿,数据输入寄存器,注意观察此时寄存器的内容是否与预期相符。

预习要求:在附录 C 表 C.1 中填写控制信号与输入的数据,在实验中予以检测;实验过程中发现错误应及时纠正。

实验中请观察:

① 数据是在放开 CLOCK 键后改变的,也就是在 CLOCK 的上升沿时数据被

打入。

② 选通信号为高时,即使 CLOCK 有上升沿,寄存器的数据也不会改变。

③ 读取 $R_0 \sim R_3$ 时,可在右侧键盘上方的液晶屏观测到数据。

④ 数据写入或输出时,观察寄存器的输入指示灯(黄色)和输出指示灯(红色)的变化情况。

2.4.2 程序计数器操作

程序计数器 PC 区别于其他寄存器,除了有写入功能外,还可以完成自加 1 的功能,实验前请仔细阅读 1.3.3 小节部分内容。实验中需要模拟 PC+1、进位转移、结果为 0 转移、无条件转移的操作。实验的连线如表 2.2 所示。

表 2.2 PC 实验连线表

连接序号	信号孔	接入孔	作 用
1	J_2 座	J_3 座	将 $K_{23}-K_{16}$ 接入 $DBUS_1$,以作为 PC 转移地址
2	PCOE	K_5	PC 输出到地址总线,低电平有效
3	JIR_3	K_4	预置选择 1,为 1 则为无条件转移
4	JIR_2	K_3	预置选择 0,当 $JIR_3=0$ 时,若 $JIR_2=1$,则为结果为 0 转移;若 $JIR_2=0$,则为进位转移
5	JRZ	K_2	Z 标志输入
6	JRC	K_1	C 标志输入
7	ELP	K_0	预置允许,低电平有效
8	PCCK	CLOCK	PC 工作脉冲

具体操作时,在开关输入端 $K_{23} \sim K_{16}$ 预置数据 88H(可自定),切换控制信号组 $K_5 \sim K_0$ 的不同取值,按下 CLOCK 键后观察具体的实验现象。实验中需要完成 PC 的六种操作,对应的操作和现象应如表 2.3 所示。

表 2.3 PC 实验分项及现象表

序 号	实验项目	现象及说明
1	PC+1	每按动一次 CLOCK 键后,PC 内容加 1。实验开始前,请按动键盘的 RST 键,使 PC 为 0。
2	无条件转移	按动 CLOCK 键后,预置数据直接打入 PC。
3	有进位转移/未转移	按动 CLOCK 键后,若进位位为 1,则开关数据打入 PC;否则,PC 保持当前数据不变。
4	结果为 0 转移/未转移	按动 CLOCK 键后,若结果为 0,标志位为 1,则开关数据打入 PC;否则,PC 保持当前数据不变

预习要求：认真阅读 1.3.3 小节部分内容，填写控制信号后进行实验。在实验中予以检测；实验过程中发现错误应及时纠正，操作控制信号列表填写至附录 C 表 C.2 中相应位置。

实验中请注意：

① 每一次重置控制信号后，按一下 CLOCK 键，观察 PC 的变化，以及黄色 PC 预置指示灯的变化情况。

② 除 PC+1 实验外，进行其他实验项目时，每次均更换开关 $K_{23} \sim K_{16}$ 的数据输入，使得实验现象更加明显。

2.4.3 其他寄存器操作

其他寄存器包括地址寄存器 MAR、堆栈寄存器 ST、输出端口寄存器 OUT。实验的连线如表 2.4 所示。

表 2.4 其他寄存器实验连线表

连接序号	信号孔	接入孔	作用
1	J_2 座	J_3 座	将 $K_{23} \sim K_{16}$ 接入 $DBUS_1$，以作为数据输入
2	MAREN	K_{15}	MAR 寄存器写使能，低电平有效
3	MAROE	K_{14}	MAR 地址输出使能，低电平有效
4	OUTEN	K_{13}	OUT 寄存器写使能，低电平有效
5	STEN	K_{12}	ST 寄存器写使能，低电平有效
6	MARCK		
7	OUTCK	CLOCK	寄存器工作脉冲，上升沿打入
8	STCK		

预习要求：认真阅读 1.3.2 小节部分内容，填写控制信号后进行实验。在实验中予以检测；实验过程中发现错误应及时纠正，操作控制信号列表请填入附录 C 的表 C.3 相应位置。

实验中请观察：

① 数据是在放开 CLOCK 键后改变的，也就是在 CLOCK 的上升沿时数据被打入。

② 选通信号为高时，即使 CLOCK 有上升沿，寄存器的数据也不会改变。

③ 数据写入或输出时，观察寄存器的输入指示灯（黄色）和输出指示灯（红色）的变化情况。

3 运算器实验

3.1 实验目的

了解 ALU 的运行机制;通过开关输入控制信号与数据,验证 ALU 的不同运算方式产生的结果;了解移位的概念,通过设置不同状态,观察左移和右移的结果,同时在总线上输出显示。

3.2 实验内容

利用 COP2000 实验平台的 $K_{23} \sim K_{16}$ 开关作为 DBUS 数据,其他开关作为控制信号,将数据写入累加器 A 和工作寄存器 W,并用开关控制 ALU 的运算方式,实现运算器的功能。同时将运算结果直送、左移 1 位后、右移 1 位后送入 OUT 寄存器显示输出。

3.3 预习要求

实验前,应认真预习 1.3.4 小节～1.3.5 小节的内容,对运算器的功能和操作,以及总线的控制信号等有较深的了解。

3.4 实验步骤

首要步骤:将总线切换插座 J_1 与 J_3 相连,打开 COP2000 实验平台电源,确保实验平台进入手动模式。实验连线时,最好将控制信号连接至印有控制信号名称的开关上(如 K_7 对应 X_2、K_0 对应 S_0)。

运算器实验遵循以下步骤:

① 连接正确的总线切换插座,确保开关组 $K_{23} \sim K_{16}$ 的数据可以连接到寄存器 A 和寄存器 W 的数据输入端;

② 连接控制信号 AEN、WEN、S_2、S_1、S_0、Cyin、X_2、X_1、X_0、OUTEN,以及所用器件的时钟控制端 CK;

③ 拨动开关组,设置 A 寄存器输入数据,使 A 选定端有效,按一次 CLOCK 键,确认数据打入 A 寄存器;

④ 拨动开关组,设置 W 寄存器输入数据,使 W 选定端有效,按一次 CLOCK 键,

确认数据打入 W 寄存器；

⑤ 改变 $S_2 \sim S_0$ 的值，观察 ALU 输出结果是否与预设运算一致；

⑥ 改变 $X_2 \sim X_0$ 的值，将 D、L 或 R 的内容输出到 OUT 寄存器观察。

由于控制信号和操作步骤较多，实验过程需认真连线，控制信号的设置要正确，确保实验的成功。实验的连线如表 3.1 所示。

表 3.1 运算器实验连线表

连接序号	信号孔	接入孔	作 用
1	J_1 座	J_3 座	将 $K_{23}-K_{16}$ 接入 $DBUS_2$，以作为寄存器输入
2	OUTEN	K_{13}	OUT 寄存器写使能，低电平有效
3	Cy IN	K_8	运算器进位输入
4	X_2	K_7	总线控制寄存器输出选择，具体含义详见表 1.3
5	X_1	K_6	
6	X_0	K_5	
7	WEN	K_4	选通 W，低电平有效
8	AEN	K_3	选通 A，低电平有效
9	S_2	K_2	运算器功能选择，具体含义详见表 1.4
10	S_1	K_1	
11	S_0	K_0	
12	OUTCK	CLOCK	工作脉冲
13	ALUCLK		

实验中请思考：如何通过简单的连线变化，将 ALU 运算的结果传送至 A 寄存器或通用寄存器？

预习要求：认真阅读 1.3.4 小节、1.3.5 小节部分内容，填写控制信号后进行实验。在实验中予以检测，实验过程中发现错误应及时纠正。实验过程中给 A 和 W 赋值自定，将操作控制信号的值填入附录 C 的表 C.4 中。

实验中请注意：

① 运算过程中，每一次重置控制信号后，按一下 CLOCK 键，观察总线数据的内容。

② 运算结果的传送过程中，数据传输路径的确定。

4 存储器实验

4.1 实验目的

了解模型机中程序存储器 EM 的工作原理及控制方法,掌握小键盘编辑存储器内容的操作。

4.2 实验内容

利用 COP2000 实验平台上的 $K_{23} \sim K_{16}$ 开关作为 DBUS 的数据,其他开关作为控制信号,实现程序存储器 EM 的读写操作。另外,通过小键盘的操作,完成从键盘上写入存储器的操作。

4.3 预习要求

实验前,应认真预习 1.5 节~1.6 节的内容,对实验平台存储器的组织方式、地址和数据的写入及读取方式有较深的了解;同时熟悉实验平台小键盘的使用,通过键盘向存储器写入或读出数据,为后续的输入和调试程序打下基础。

4.4 实验步骤

首要步骤:将总线切换插座 J_2 与 J_3 相连,打开 COP2000 实验平台电源,确保实验平台进入手动模式。实验连线时,最好将控制信号连接至印有控制信号名称的开关上(如 K_7 对应 X_2、K_0 对应 S_0)。

实验分成两部分:

① 手动模式下读写数据。设置存储地址,在对应存储单元写入数据。实验过程中可尝试使用 PC 和 MAR 交替提供地址,并将写入的数据读取出来;

② 自动模式下读写数据。利用实验平台小键盘,在 80~84H 单元写入 5 个十六进制数据。

4.4.1 手工模式下的存储器操作

该部分需要手工完成各控制信号的连接,按照先给地址、再给数据,最后按下 CLOCK 键的步骤完成存储器的写操作。理论上,存储器的地址可由 PC 给出,也可

4 存储器实验

以由 MAR 给出。为了叙述方便,实验中约定,地址均由 MAR 给出。存储器写操作时的操作步骤可以描述如下:

① **给定地址**。地址通过 $K_{23} \sim K_{16} \rightarrow DBUS_1 \rightarrow MAR \rightarrow$ 存储器地址输入端的路径给定,实验时给出正确的控制信号完成地址的写入。

② **给定数据**。数据通过 $K_{23} \sim K_{16} \rightarrow DBUS_1 \rightarrow$ 存储器数据输入端的路径给定。

③ **给定存储器输入信号**。给定工作脉冲,完成一个存储单元数据的写入。

④ **重复①~③的步骤**,直到写入所有数据。

说明:写完一次数据后,一定要变换地址,否则该单元的数据会不断覆盖。

存储器读操作时的操作步骤可以描述如下:

① **给定地址**。地址通过 $K_{23} \sim K_{16} \rightarrow DBUS_1 \rightarrow MAR \rightarrow$ 存储器地址输入端的路径给定,实验时给出正确的控制信号完成地址的写入。

② **给定存储器读信号**。给定工作脉冲,读出单元的数据至 OUT 寄存器。

③ **重复①~②的步骤**,直到读出所有数据。

由于控制信号和操作步骤较多,实验过程需认真连线,控制信号的设置要正确,确保实验的成功。实验的连线如表 4.1 所示。

表 4.1 存储器操作连线表

连接序号	信号孔	接入孔	作　用
1	J_2 座	J_3 座	将 $K_{23} \sim K_{16}$ 接入 $DBUS_2$,以作为地址或数据输入
2	OUTEN	K_5	OUT 寄存器写使能,低电平有效
3	MAROE	K_4	MAR 输出地址,低电平有效
4	MAREN	K_3	MAR 写允许,低电平有效
5	EMEN	K_2	存储器与数据总线相连,低电平有效
6	EMRD	K1	存储器读允许,低电平有效
7	EMWR	K_0	存储器写允许,低电平有效
8	MARCK		
9	EMCK	CLOCK	工作脉冲,上升沿打入
10	OUTCK		

上述连线中,存储器地址仅由 MAR 给定,对于掌握情况较好的同学,可尝试地址通过 PC 给出。存储器的数据读出后放置在 OUT 寄存器中,也可视为程序,存放在 IR 和 μP 寄存器中,实验中应动手体验。

预习要求:认真阅读 1.5 节部分内容,填写控制信号后进行实验。在实验中予以检测;实验过程中发现错误应及时纠正。重复写数应在 3 个以上。将操作控制信号的值填入附录 C 的表 C.5 中。

说明:读存储器数据时可能出现总线冲突,找到原因后可以试着拔掉总线插座,或者增加 $X_2X_1X_0$ 以防冲突。

4.4.2 利用小键盘操作存储器

该部分为验证性实验。依据以下给定的操作步骤,利用小键盘完成存储器的读写操作,为后续实验中输入和调试程序做准备。

首要步骤: 将总线切换插座 J_1 与 J_2 相连,打开 COP2000 实验平台电源,确保实验平台进入自动模式。实验过程中无须连线,仅通过键盘的操作完成地址修改、数据读取和数据修改的操作。以下操作中,光标的位置就是可以输入地址或数据的位置。

编辑存储器内容时请遵循以下步骤操作:

① **切换至存储器编辑模式。** 开机后,按 TAB 键,直到显示屏显示内容为图 4.1 所示的界面,表示已经进入了 EM 存储器的显示和修改模式。

图 4.1 连续按 TAB 键切换至存储器操作模式示意图

② **准备编辑数据。** 按 NEXT 键,光标移到"Data"下,显示屏显示如图 4.2 所示的界面,切换至**存储单元数据修改模式**等待用户输入或修改数据。

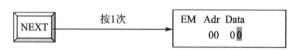

图 4.2 按 NEXT 键切换至存储器操作模式示意图

③ **编辑数据。** 按任意两个数字键(0~F),即可完成该单元内容的修改。此时若先后按下数字键 1 和 2,则表示在 00 单元写入了数据 12H,编辑后液晶屏的显示如图 4.3 所示。

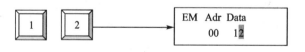

图 4.3 编辑数据后示意图

说明: 在输入数据的过程中,连续输入数字的次数不受限制,但存储器只接受最后输入的两个数字。

④ **切换至下一单元。** 上述操作完成后,按 NEXT 键,地址+1,切换至下一个单元。液晶屏将显示如图 4.4 的界面。

⑤ **编辑下一单元数据。** 按任意两个数字键(0~F),即可完成该单元内容的修改。此时若先后按下数字键 3 和 4,则表示在 01 单元写入了数据 34H,编辑后液晶屏的显示如图 4.5 所示。

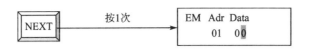

图 4.4 切换至下一个单元示意图

图 4.5 编辑数据后示意图

⑥ 重复④～⑤的步骤,可完成连续单元数据的依次写入。

⑦ **查看存储器内容时仅需操作上述的①②步骤,再重复②的步骤即可查看连续单元的存储情况。**

说明:无论是在读取还是编辑存储器内容时,在第①步完成后,光标停在"Adr"处,可以按数字键 0～F 输入要修改的存储器单元的地址,然后再按 NEXT 键输入数据。如果光标移到"Data"下,而此时又想改变地址,可以按 MON 键,将光标移回到"Adr"处,按数字键输入地址。

5 数据通路实验

5.1 实验目的

理解模型机中数据通路的概念,对指定的功能,找到相应的数据通路,能有序的加载控制信号,保证数据的正确传送。

5.2 实验内容

① 经运算器实现存储器与寄存器、存储器与存储器间数据传送。
② 使用 IN 输入将 2 个 8 位二进制数分别送入 R_0、R_1,对 R_0 和 R_1 的数据运算后送入 R_3,从 OUT 寄存器显示。
③ 将 2 个 8 位二进制数据送入存储器 00H 和 01H 单元,读取数据并送入运算器运算后,送入 10H 单元,在 OUT 寄存器显示。

5.3 预习要求

实验前,应认真预习 1.7 节的内容,结合课堂所学内容,对数据通路的概念有初步了解。对实验要求的内容,能找到数据通路和相应的控制信号。

5.4 实验步骤

首要步骤: 将总线切换插座 J_2 与 J_3 相连,打开 COP2000 实验平台电源,确保实验平台进入手动模式。实验连线时,最好将控制信号连接至印有控制信号名称的开关上(如 K_7 对应 X_2、K_0 对应 S_0)。

上述三个实验中,部分实验需要 J_2 和 J_3 相连,或者 J_1 和 J_3 相连。根据数据传输路径的不同,选择切换合适的插座相连。

通过前几次实验,对模型机的硬件结构和控制信号有较好的掌握。本次实验要求对于复杂的数据通路能正确分析,从而连接合理的控制信号,同时能正确操作,使数据传输路径通畅,确保实验的成功。

对实验内容中的第 2 部分,做如下分析。

① 使用 IN 输入将 2 个 8 位二进制数分别送入 R_0、R_1,对 R_0 和 R_1 的数据运算后送入 R_3,从 OUT 寄存器显示。

② 明确要求数据从 IN 输入,则从开关组 $K_{23} \sim K_{16}$ 输入的数据必须走左侧的通路送入总线;

③ 数据总线 $DBUS_1$ 的数据要送入通用寄存器组 R,则必须要求 J_1 和 J_2 相连,实验过程中需要开启后,切换成 J_1 和 J_2 相连;

④ 在送入 R_0、R_1 的过程中,同时将数据分别送入 A 和 W;

⑤ 运算后,将 D 结果输出,经 $J_1 \rightarrow J_2$ 送至 R_3 寄存器,再从 R_3 寄存器经 $DUBS_1$ 送至 OUT 寄存器。

实验内容中的部分数据通路如图 5.1 所示。

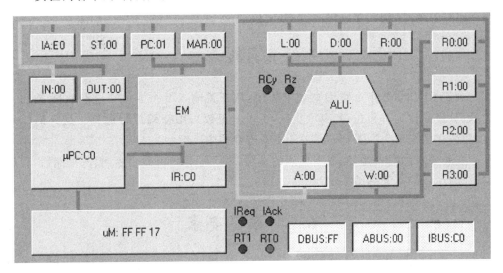

图 5.1 部分数据通路示意图

对其他的实验内容,应遵循同样的步骤进行分析,将设计的数据通路,以及打开该通路所需要的控制信号记录至附录 C 表 C.6~C.8 所示。实验过程中应设计硬件连线,给出每一步的数据通路和对应的控制信号。

6 控制器实验

6.1 实验目的

学习控制器工作原理及模型机整机工作过程;熟悉模型机指令及微指令系统结构及设计方法;掌握模型机指令的编程方法。

6.2 实验内容

利用 COP2000 指令集编写如下程序:从开关输入 2 个 8 位二进制数据 X 和 Y 的原码(最高位为符号位,1 表示负数,0 表示正数),用补码进行运算。运算的结果中,原码存放在 R_0 中,补码存放在 OUT 寄存器中。

实验要求的内容是,完成源代码的编写,人工汇编为机器指令,装入存储器,完成调试运行,记录实验的结果。

6.3 预习要求

实验前,应认真预习 1.4 节、1.6 节的内容,能结合硬件和指令系统,完成一个完整程序的编写,实验之前一定要将程序初稿完成,在有效的时间内完成程序的调试,保证实验的效果。

6.4 实验步骤

首要步骤:将总线切换插座 J_1 与 J_2 相连,打开 COP2000 实验平台电源,确保实验平台进入自动模式。注意此时数据总线 $DBUS_1$ 与 $DBUS_2$ 相连,用户输入的数据只能通过开关 $K_{23} \sim K_{16}$ 经 IN 后进入数据总线,操作时要注意。

使用实验平台进行程序编写和调试的步骤简要描述如下:
① 分析程序的功能,结合指令系统完成汇编程序的编写;
② 对照附录 A 中表 A.1 完成指令到机器码的转换。编写过程中注意跳转地址的设定;
③ 通过小键盘将程序输入到存储器;
④ 按 RST 键对实验箱 PC 和其他寄存器复位;
⑤ 按 STEP 键单步执行程序,直到所有指令均执行完毕。

以两位压缩 BCD 码相加为例,介绍在实验平台上完成操作的全过程,供实验时参考。从开关输入两个压缩的 BCD 码(设相加的结果不会操作 99),利用 COP2000 的指令集完成相加操作,将相加结果从 OUT 寄存器输出,完成程序的编写,人工汇编为机器指令,装入存储器,完成调试运行,记录实验的结果。

6.4.1 编程分析

BCD 码是二进制表示十进制数的简称。0000～1001 表示十进制的 0～9,其他代码均非法。根据存储形式分为压缩的 BCD 码(一个字节存储两个 BCD 码,)和非压缩的 BCD 码(一个字节仅存储一个 BCD 码,高 4 位补零)。根据已学知识,当两个 BCD 码相加之和超过 9 时,得到的结果将为非法的 BCD 码,或者结果不正确,需要进行+6 的修正,故程序中对低位相加后的结果需要进行判断。

对输入的 BCD 数据相加后,应使高 4 位全置 1,即 1111XXXXB 的形式,再用该数与 6 相加后,判断有无进位。若有进位则表示低四位相加之和大于 9,高位需加 1 修正,否则高位无需修正;恢复高位数据后,将结果输出至 OUT 寄存器即得最终结果。其流程简图如图 6.1 所示。

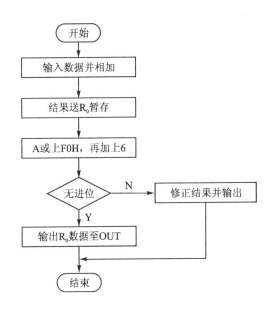

图 6.1　压缩 BCD 相加流程图

6.4.2　程序的编写

根据上述的分析,结合模型的的指令,所编写的程序如表 6.1 所示。

表 6.1 压缩 BCD 相加汇编程序列表

序号	指令	说明
1	IN	输入第一个 BCD 码至 A 寄存器
2	MOV R$_0$,A	将第一个 BCD 码数暂存至 R$_0$ 寄存器
3	IN	输入第二个 BCD 码至 A 寄存器
4	ADD A,R$_0$	两个 BCD 码相加
5	MOV R$_0$,A	相加结果暂存至 R$_0$,A 中数据保留
6	OR A,#0F0H	A 与 11110000 相或,高四位置 1,低 4 位保留
7	ADD A,#06H	A 与 06 相加,用于判断低四位是否需要修正
8	JC Revise	若有进位,需要修正;否则准备输出
9	MOV A,R$_0$	恢复数据,准备输出
10	JMP result	若无进位,直接输出结果
11	Revise:AND A,#0FH	屏蔽高位的数据
12	MOV R$_1$,A	将 A 数据暂存至 R$_1$ 寄存器
13	MOV A,R$_0$	取原来数据
14	AND A,#0F0H	屏蔽低位
15	OR A,R$_1$	数据拼接
16	ADD A,#10H	修正
17	Result:OUT	将调整后的数据输出

6.4.3 机器指令的编写

将上述程序,按照附录 A 中的表 A.1 中指令与机器码的对应关系,将程序中所有指令转换成机器码。但转换时需要注意:

① 程序一般从 00H 单元开始存放,方便 PC 清零后直接执行;
② 双字长指令暂用 2 字节,即两个地址;单字长指令为一个地址单元;
③ 将每条指令转换成机器码后,对于**符号地址**,也转换成物理地址。

查表后,机器码列表如表 6.2 所示。

表 6.2 程序与机器码映射表

地址	指令	机器码	说明
00	IN	C0	输入第一个 BCD 码至 A 寄存器
01	MOV R$_0$,A	80	将第一个 BCD 码数暂存至 R$_0$ 寄存器
02	IN	C0	输入第二个 BCD 码至 A 寄存器

续表 6.2

地址	指令	机器码	说明
03	ADD A,R$_0$	10	两个 BCD 码相加
04	MOV R$_0$,A	80	相加结果暂存至 R$_0$,A 中数据保留
05	OR A,#0F0H	6C F0	双字长指令,注意地址跳跃
07	ADD A,#06H	1C 06	双字长指令,注意地址跳跃
09	JC Revise	A0 0C	双字长指令,注意地址跳跃,revise=0C
0A	MOV A,R$_0$	70	无需修正,则恢复数据
0B	JMP Result	AC 15	双字长指令,注意地址跳跃,result=15H
0C	Revise:AND A,#0FH	5C 0F	双字长指令,注意地址跳跃
0E	MOV R$_1$,A	81	保存调整后的低位
0F	MOV A,R$_0$	70	
10	AND A,#0F0H	5C F0	双字长指令,注意地址跳跃
12	OR A,R$_1$	61	
13	ADD A,#10H	5C 10	双字长指令,注意地址跳跃
15	Result:OUT	C4	修正后的结果输出

6.4.4 程序的输入

参照 1.6.4 小节中图 1.18 的过程,将表 6.2 中的机器码输入程序存储器 EM,输入完成后,需要仔细检查输入的每个单元的数据是否与预设的一致。

6.4.5 程序的执行调试

程序机器码输入无误后,单击小键盘的 RST 键,使 PC 和其他寄存器复位后,按 STEP 键单步执行,观察每步的执行结果,以最终结果打入 OUT 寄存器结束。

实验过程注意:每单步执行一条指令,注意观察 PC、IR、μPC 等寄存器内容的变化。尤其是开关 K$_{23}$~K$_0$ 上方控制信号的变化,对比执行时发出的控制信号是否能满足指令的功能。

6.4.6 实验记录

将编写的程序和机器码等填入附录 C 表 C.9,遵循上述步骤完成实验内容。

7 中断接口实验

7.1 实验目的

了解模型机中断系统的工作原理及中断过程、中断请求、中断响应、中断处理及中断返回的实现过程。

7.2 实验内容

利用模型机指令系统,编写主程序,初始时给 A 寄存器赋初值 0,正常主程序执行时,实现 A 寄存器自加 1 的操作。设置中断向量 E0H,编写中断服务程序,当该中断响应后,使 A 寄存器自减 1;设置中断向量 F0H,编写中断服务程序,当该中断响应后,使 A 寄存器内容清 0。

7.3 实验原理

中断源向 CPU 发出请求信号后,CPU 暂停正在执行的程序,转去执行中断服务程序,中断服务程序执行完毕后,CPU 再继续执行被暂停的程序。实验平台上中断的执行过程如图 7.1 所示。

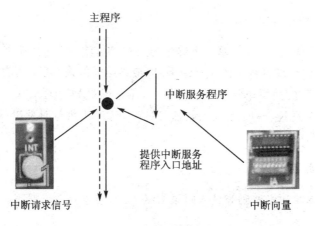

图 7.1 实验原理图

图 7.1 中,中断请求信号为实验台右侧的黄色圆形按钮,当按动一次"中断请求信号"后,CPU 暂停当前执行的程序,查找 IA 寄存器的内容(实验平台左上角蓝白拨

7　中断接口实验

动开关,设拨到了"E0 出"),转去 EM 中 E0H 开始的地址去执行中断服务程序,直到遇到 RETI,中断服务程序执行结束。中断处理后,继续执行主程序。

7.4　实验步骤

首要步骤:将总线切换插座 J_1 与 J_2 相连,打开 COP2000 实验平台电源,确保实验平台进入自动模式。

中断实验步骤简要描述如下:

① 编写主程序和各中断服务程序,翻译成机器码,存至 EM,注意中断服务程序应以 RETI 结束;

② 按下 RST 键后,单步执行主程序,可见 A 寄存器累加,执行若干次;

③ 将 IA 置 E0 或 F0,按 INT 键,观察中断响应后 A 内容,随机重复 2、3 步若干次,理解中断的执行过程。

7.5　实验参考程序

主程序、机器码以及说明等如表 7.1 所示。

表 7.1　主程序与机器码映射表

地　址	指　令	机器码	说　明
00	MOV A,♯00H	7C 00	A 寄存器赋初值 0
02	LOOP:ADD A,♯01H	1C 01	A 寄存器加 1
04	JMP LOOP	AC 02	跳转至 Loop,死循环。若无打断,则 A 寄存器将一直累加

中断向量 E0 的中断服务程序如表 7.2 所示。

表 7.2　中断服务程序与机器码映射表

地　址	指　令	机器码	说　明
E0	SUB A,♯01H	3C 01	A 寄存器减 0
E2	RETI	EC	中断返回

中断向量 F0 的中断服务程序如表 7.3 所示。

表 7.3　中断服务程序与机器码映射表

地　址	指　令	机器码	说　明
F0	MOV A,♯00H	7C 00	A 寄存器清零
F2	RETI	EC	中断返回

实验过程注意：

中断服务程序执行时，观察 ST、PC 等寄存器的变化情况，了解中断执行时计算机处理现场和恢复现场时的操作。注意 INT 键的按动时机。

7.6　实验记录

将主程序和中断服务程序保存至存储器后，按照实验步骤进行操作，在附录 C 的表 C.10 中完成实验过程中的记录。

8 设计指令/微指令系统实验

8.1 实验目的

了解微程序控制方式计算机中微程序、微指令、微操作的概念。掌握模型机的指令和微指令的设计过程。

8.2 实验内容

利用 COP2000 集成开发环境,自定义指令,编写指令对应的微程序,完成指令的功能,并利用自定义的指令完成某一功能。

8.3 预习要求

实验前,应认真预习 1.8 节、1.9 节的内容,对 COP2000 集成开发环境有一定认识,对指令和微指令有较深的认识。

8.4 实验步骤

首要步骤:在计算机中打开 COP2000 集成开发软件,参照以下指令的设计步骤,完成指令的设计。

COP2000 实验平台可重新设计一套完全不同的指令/微指令系统。COP2000 内已经内嵌了一个智能化汇编语言编译器,可以对用户设定的汇编助记符进行汇编。以建立一个如表 8.1 所示的指令系统为例,说明指令/微指令的设计过程。

表 8.1 拟设计的指令表

指　令	说　明
LD A,♯II	将立即数装入累加器 A
ADD A,♯II	累加器 A 加立即数
GOTO MM	无条件跳转指令
OUTA	累加器 A 输出到端口

由于硬件系统需要指令机器码的最低两位作为 $R_0 \sim R_3$ 寄存器寻址用,所以指

令机器码要忽略掉这两位。假设上表四条指令的机器码分别为04H,08H,0CH,10H。其他指令的设计,用户可参考此例,作为练习来完成。

8.4.1 指令/微指令的设计

自定义指令/微指令系统,可遵循如下6个步骤来完成。

① **新建指令系统**。打开COP2000组成原理实验软件,选择【文件】|【新建指令系统/微程序】,清除原来的指令/微程序系统,观察软件下方的"指令系统"窗口,所有指令码都"未使用"。此时的指令系统如图8.1所示。

图8.1 新建后的指令系统

② **定义指令**。选中某行机器码后,即为该条指令定义了机器码,添加助记符、操作数1、操作数2,上述指令的定义操作如表8.2所示。

表8.2 拟设计的指令定义操作表

指 令	操 作
LD A,#II	在图8.1中选择第二行,即"机器码1"为0000 01XX行,在下方的"助记符"栏填入数据装载功能的指令助记符"LD",在"操作数1"栏选择"A",表示第一个操作数为累加器A,在"操作数2"栏选择"#II",表示第二个操作数为立即数。按"修改"按钮确认
ADD A,#II	在图8.1中选择第三行,即"机器码1"为0000 10XX行,在下方的"助记符"栏填入加法功能的指令助记符"ADD",在"操作数1"栏选择"A",表示第一操作数为累加器A,在"操作数2"栏选择"#II",表示第二操作数为立即数。按"修改"按钮确认
GOTO MM	在图8.1中选择第四行,即"机器码1"为0000 11XX行,在下方的"助记符"栏填入无条件跳转功能的指令助记符"GOTO",在"操作码1"栏选择"MM",表示跳转地址为MM,此指令无第二操作数,无需选择"操作数2"。按"修改"按钮确认。因为硬件设计时,跳转指令的跳转控制需要指令码的第3位和第2位IR_3、IR_2来决定,无条件跳转的控制要求IR_3必须为1,所以无条件跳转的机器码选择在此行,机器码为000011XX。关于跳转的控制请参见1.3.3小节部分的描述
OUTA	在图8.1中选择第五行,即"机器码1"为0001 00XX行,在下方的"助记符"栏填入输出数据功能的指令助记符"OUTA",由于此指令隐含指定了将累加器A输出到输出商品寄存器,所以不用选择"操作码1"和"操作数2",按"修改"按钮确认

8 设计指令/微指令系统实验

经过上述的定义,建立了如图8.2所示的指令系统。

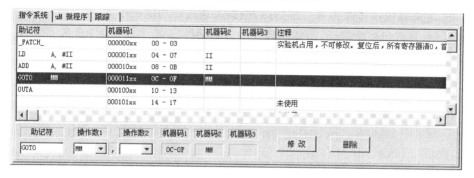

图 8.2 新创建的指令系统

目前定义的指令系统仅规定了指令的形式和格式,对指令的具体功能尚未定义,还需要进行微指令的设计才能具有实际的功能。

③ **切换至微程序窗口**。将窗口切换到"μM 微程序"窗口,现在此窗口中所有微指令值都是 0FFFFFFH,也就是无任何操作,我们需要在此窗口输入每条指令的微程序来实现该指令的功能。完成指令定义后的微程序窗口如图8.3所示。

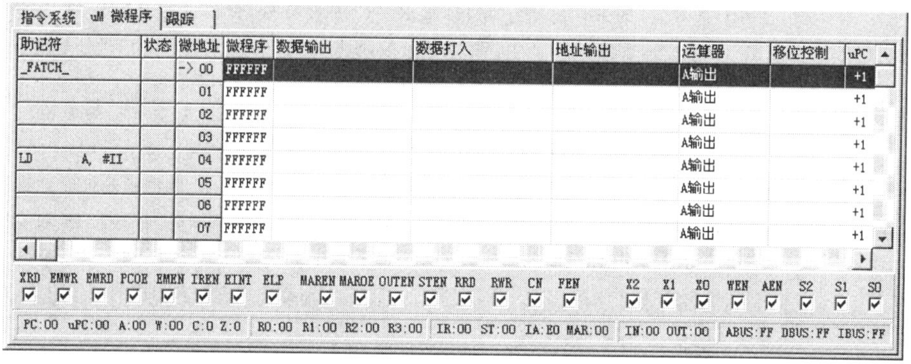

图 8.3 完成指令定义后的微程序窗口

④ **定义取指微指令**。每条指令开始要执行的第一条微指令应是取指操作,因为程序复位后,PC 和 μPC 的值都为 0,所以微程序的 0 地址处就是程序执行的第一条取指的微指令。取指操作要做的工作是从程序存储器 EM 中读出下条将要执行的指令,并将指令的机器码存入指令寄存器 IR 和微程序计数器 μPC 中,读出下条操作的微指令。根据此功能,首先选中"_FATCH_"指令的第一行,观察窗口下方的各控制信号,有"√"表示信号为高,处于无效状态,去掉"√"表示信号为低,处于有效状态;要从 EM 中读数,EMRD 必需有效,去掉信号下面的"√"使其有效;读 EM 的地址要从 PC 输出,所以 PCOE 要有效,允许 PC 输出,去掉 PCOE 下面的"√",PCOE 有效同时还会使 PC 加 1,准备读 EM 的下一地址;IREN 是将 EM 读出的指令码存入 μPC 和 IR,所以要去掉 IREN 的"√"使其有效。这样,取指操作的微指令就设计

好了,取指操作的微指令的值为 0CBFFFFH。

⑤ **定义其他操作微指令**。取指后,根据每条指令功能的不同,又有 1~3 个不同的微操作,分析指令功能后,需要在软件中进行微操作定义。上述指令的其他微操作定义如表 8.3 所示。

表 8.3 指令的其他微操作表

指 令	其他微指令
LD A,#II	首先要从 EM 中读出立即数,并送到数据总线 DBUS,再从 DBUS 上将数据打入累加器 A 中。 按照这个要求,从 EM 中读数据,EMRD 应该有效,EM 的地址由 PC 输出,PCOE 必须有效,读出的数据送到 DBUS,EMEN 也应有效,要求将数据存入 A 中,AEN 也要有效,选中"LD A,#II"指令的第一行,根据前面描述,将所有有效位下面的"√"去掉,使其有效,这条微指令的值为 0C7FFF7H。 为了保证程序的连续执行,每条指令的最后必须是取指令,取出下条将要执行的指令。选中指令的第二行(第二条微指令)填入取指操作所需的有效位(取指操作描述可见第 4 步)。微指令的值为 0CBFFFFH
ADD A,#II	首先从 EM 中读出立即数,送到 DBUS,并存入工作寄存器 W 中,从 EM 中读数,EMRD 应有效,读 EM 的地址由 PC 输出,PCOE 要有效,读出的数据要送到 DBUS,EMEN 应有效,数据存入 W 中,WEN 应有效,根据描述,选中"ADD A,#II"指令的第一行,将有效信号的"√"去掉,使其有效,这条微指令的值为 0C7FFEFH。 第二步,执行加法操作,并将结果存入 A 中。执行加法操作,S2S1S0 的值应为 000(二进制),结果无需移位直接输出到 DBUS,X2X1X0 的值就要为 100(二进制),从 DBUS 将数据再存入 A 中,AEN 应有效。与此同时,ABUS 和 IBUS 空闲,取指操作可以并行执行,也就是以 PC 为地址,从 EM 中读出下条将要执行指令的机器码,并打入 IR 和 μPC 中,根据取指操作的说明,EMRD、PCOE、IREN 要有效,根据上面描述,选中该指令的第二行,将 EMRD、PCOE、IREN、X₂X₁X₀、AEN、S₂S₁S₀ 都置成有效和相应的工作方式,此微指令的值为 0CBFF90H。 为了保证程序的连续执行,每条指令的最后必须是取指令,取出下条将要执行的指令。选中指令的第三行(第三条微指令)填入取指操作所需的有效位,(取指操作描述可见第 4 步)。微指令的值为 0CBFFFFH
GOTO MM	为无条件跳转,所要执行的操作为从 EM 中读出目标地址,送到数据总线 DBUS 上,并存入 PC 中,实现程序跳转。 从 EM 中读数,EMRD 要有效,读 EM 的地址由 PC 输出,PCOE 有效,数据送到 DBUS,EMEN 要有效,将数据打入 PC 中,由两位决定,ELP 有效,指令寄存器 IR 的第三位 IR₃ 应为 1,由于本指令机器码为 0CH,存入 IR 后,IR₃ 为 1。选中"GOTO MM"指令的第一行,将上面的 EMRD、PCOE、EMEN、ELP 设成低,使其成为有效状态,结合指令的第三位,实现程序跳转,这条微指令的值为 0C6FFFFH。 下条微指令应为取指操作,选中此指令的第二行,将 EMRD、PCOE、IREN 设成有效,微指令的值为 0CBFFFFH

58

8 设计指令/微指令系统实验

续表 8.3

指 令	其他微指令
OUTA	将累加器的内容输出到输出端口。其操作为累加器 A 不做运算,直通输出,ALU 结果不移位输出到 DBUS,DBUS 上的数据存入输出寄存器 OUT。累加器 A 直通输出结果,$S_2 S_1 S_0$ 值要为 111(二进制),ALU 结果不移位输出到数据总线 DBUS,$X_2 X_1 X_0$ 的值要等于 100(二进制),DBUS 数据要打入 OUT,那么 OUTEN 应有效。与此同时,ABUS 和 IBUS 空闲,取指操作可以并行执行,也就是以 PC 为地址,从 EM 中读出下条将要执行指令的机器码,并打入 IR 和 μPC 中,根据取指操作的说明,EMRD、PCOE、IREN 要有效。综上所述,选中此指令的第一行,将 EMRD、PCOE、IREN、OUTEN、$X_2 X_1 X_0$、$S_2 S_1 S_0$ 置成有效状态和相应的工作方式,微指令的值为 0CBDF9FH。 下条微指令应为取指操作,选中此指令的第二行,将 EMRD、PCOE、IREN 设成有效,微指令的值为 0CBFFFFH

经过微指令设计后,对应的微程序存储器的内容如图 8.4 所示。

图 8.4 定义微指令后的 μM 图

⑥ 保存指令集。选择菜单【文件|保存指令系统/微程序】功能,将新建的"指令系统/微程序"保存下来,以便以后调用。为不与已有的两个指令系统冲突,可将新的"指令系统/微程序"保存为"INST3.INS"。保存指令集的界面如图 8.5 所示。

图 8.5 保存指令集界面图

8.4.2 集成环境下调试程序

指令/微指令系统定义完成后,可以用系统默认指令集的方式来使用这些指令编写程序。在软件环境下编写和调试可遵循如下三个步骤。

① **编辑源代码**。在源程序窗口输入如图8.6所示的程序段。

```
        LD A,#0
LOOP:
        ADD A,#1
        OUTA
        GOTO LOOP
```

图8.6 编辑源代码图

② **观察翻译成机器码结果**。将程序另存为 NEW_INST.ASM,并汇编成机器码,观察反汇编窗口,会显示出程序地址、机器码、反汇编指令。反汇编的结果如表8.4所示。

表8.4 汇编翻译成机器码列表

程序地址	机器码	反汇编指令	指令说明
00	04 00	LD	立即数00H存入累加器A
02	08 01	ADD	累加器A值加1
04	10	OUTA	累加器A输出到输出端口OUT
05	0C 02	GOTO	程序无条件跳转到02地址

③ **软件模拟执行**:按快捷图标的F7,执行"单微指令运行"功能,观察执行每条微指令时,数据是否按照设计要求流动,寄存器的输入/输出状态是否符合设计要求,各控制信号的状态,PC及μPC如何工作是否正确。

课程设计篇

内容：介绍课程设计的步骤和软件的使用方法。

目的：课程设计时，使学生能遵循操作步骤，完成电路的设计、仿真和下载等工作，同时提交报告。

9 课程设计教程

《计算机组成原理课程设计》是学生在修完课程《计算机组成原理》后进行的实践教学环节，也是计算机各本科专业学生计算机硬件工程实践能力的集中训练环节，要求学生设计具有计算机基本功能的整机系统，并使学生具备对计算机整机系统和部件进行分析和设计的能力。

9.1 课程设计的目标

利用先进的 EDA 设计手段，总结计算机组成原理课程的学习内容，学会 EDA 软件的使用、层次化设计方法、多路开关、逻辑运算部件、移位器设计、微程序控制的运算器设计、微程序控制的存储器设计、简单计算机的设计。使学生进一步加深对计算机组成的理解，掌握计算机各功能模块的工作原理及相互配合关系，系统地建立计算机的整机概念，进一步提高实验技能，培养学生的独立工作及综合运用所学知识的能力，培养严谨的科学作风。从而巩固课堂知识、深化学习内容。

9.2 课程设计的形式

课程设计的题目分成软件设计类和硬件设计类两种。不同类型的题目采用不同的方式进行。

软件设计类 侧重于整机结构的掌握和程序的编写与调试能力。课程设计时针对题目内容，利用 COP2000 指令集编写程序。在集成环境下完成程序的录入和调试。在设计时要充分考虑模型机的局限性，合理利用计算机资源，完成课程设计任务。

硬件设计类 侧重于硬件的设计和调试能力。针对题目内容，利用 EDA 软件进行电路设计，完成电路的仿真，并能对所完成电路进行封装，编译通过后，在 FPGA 板上完成下载和调试。在设计时注意 EDA 软件的使用和电路设计的细节。

9.3 设计的过程

9.3.1 软件类的设计过程

软件设计类的课程设计题目，在分析完题目要求的功能后，参考 1.4 节所述的指令系统部分，利用模型机的指令，完成程序的设计。并参照 1.9 节和 8.4.2 小节部分所述内容,完成程序在集成环境下的录入、保存、调试等工作。最终按照指定格式完成课程设计报告。

9.3.2 硬件类的设计过程

硬件设计类题目较软件设计类复杂,需利用 Xilinx Foundation 软件,选择 Virtex 系列器件的 XCV200PQ240 芯片完成电路的连接、器件的封装、仿真和下载等操作。

9.4 FPGA 扩展实验板简介

FPGA 扩展板上的核心是 Xilinx 公司的 20 万门 XCV200 的 FPGA 芯片。将设计好的电路下载到芯片上,来完成设计电路的功能。扩展板上具有 64K×16 位存储器,能保存大容量程序。12 位 8 段数码管 C_0-C_5、D_0-D_5 和 16 位发光二极管 A_0-A_7、B_0-B_7 用于显示电路输出的数据,在进行数据输入时,可利用扩展板上 5 组 8 位的开关组 $K_0(0-7)\sim K_4(0-7)$,最大支持 40 位二进制数据的输入。FPGA 扩展板实物如图 9.1 所示。

图 9.1　扩展板实物图

在 COP2000 的主界面上,按"**打开 FPGA 扩展板窗口**"按钮,打开如图 9.2 所示的 FPGA 扩展板的界面,此窗口有两个页面:结构图页面和存储器页面。课程设计下载时,一般仅使用图 9.2 中**结构图**页面即可。

结构图窗口内有 FPGA 编程、通信设置、打开模式、保存模式四个功能按钮。

① **通信设置**:其功能是选择好串行口,并连接实验平台。如果实验平台与计算机通信成功,会显示"通信成功"信息,否则会显示"与实验平台通信错误"的信息,这时要检查串口通信电缆是否连接,实验平台是否加电等。

② **FPGA 编程**:是将 XILINX 开发环境中设计生成的 *.bit 格式程序文件下载

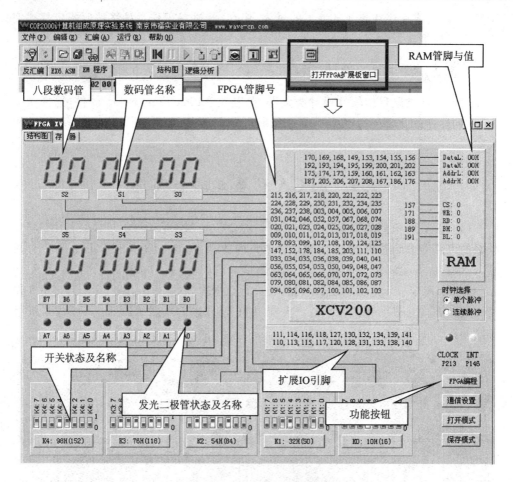

图 9.2 FPGA 扩展界面图

到 XCV200 芯片中,在下载过程中,有进度条显示下载进度。如果 COP2000 实验平台上没有插 FPGA 扩展板,或在下载过程出错,系统会显示"FPGA 出错"信息,这时需要插上 FPGA 扩展板或重新编程。如果 COP2000 实验平台没有连接到计算机上,会显示"串口未连接"信息,则需使用通信设置完成串口的测试。

③ **保存模式**:将定义好的器件名称保存到文件中,这样下次做相同实验时,就不需要再次定义这些名称,只要用"**打开模式**"功能按钮直接打开相应的文件即可。

课程设计的电路设计通过 Xilinx Foundation 来完成,它是电子工程师最常用的软件之一。以流程图的方式引导用户一步一步完成设计。在 Foundation 开发环境中,可以完成设计输入(原理图、VHDL)、逻辑综合、逻辑功能仿真、逻辑编译、功能验证、时序分析、编程下载等 EDA 设计的所有步骤。由于计算机硬件资源的限制,我们选用 Foundation F3.1 系统。下面以 Foundation F3.1i 为例,了解在 XILINX 开发环境下 EDA 设计的流程。

9.5 Foundation F3.1i 软件的使用

实验和课设所用机器上已经预装 Foundation F3.1i 软件(以下简称软件),使用时,只用单击桌面上软件的快捷图标,即可进入软件的主界面。使用操作及主界面如图 9.3 所示。

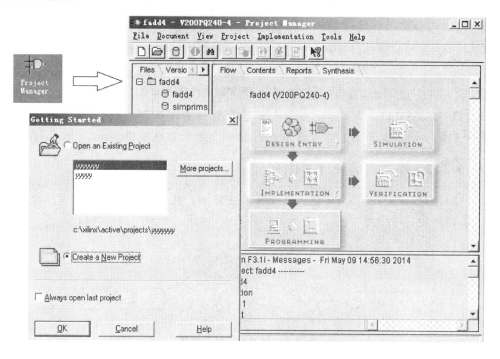

图 9.3 启动和软件主界面图

软件启动时,系统会自动加载上次打开的设计项目,根据个人需要,打开已经存在的项目,或创建一个新的项目。

以创建 4 位串行进位全加器为例,说明其设计到实现,到下载的全过程。

9.5.1 建立设计项目

选择菜单 File/New Project 功能,或者选择图 9.3 中 Create a New Project 选项,将出现如图 9.4 所示的对话框。在 Name 框内填上项目名,在这里我们输入 FADD4 表示 4 位全加器。项目的设计数据可以保存在软件缺省指定的目录下,软件缺省的设计目录为"C:\XILINX\ACTIVE\PROJECTS",也可以自己指定设计目录。Flow 指定设计输入的方法,Schematic 表示用原理图方式进行设计,实例使用的即是这种方式。HDL 表示用 VHDL 方式进行设计,按 OK 按钮确认创建新的项目。

说明:上图中最后一行的选择非常重要,芯片组必须选择 Virtex,芯片类型必

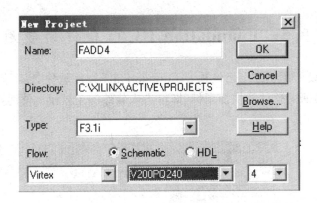

图 9.4 创建新工程参数选择对话框

须选择 V200PQ240。否则即使仿真能通过,也无法完成最后的硬件下载。一旦项目创建完成,设计和编译的过程中即使重新选择,下载时也会报错。

9.5.2 建立空的设计文件

项目参数设定完毕后,即进入图 9.3 的主界面。此时需要选择创建顶层设计文件(即整体设计电路图)。软件中提供三种选项,界面及类型如图 9.5 所示。

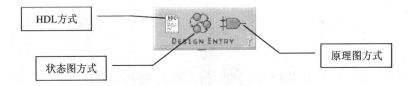

图 9.5 顶层文件类型选择

顶层文件的设计方式及其含义描述如下:

① **HDL 方式**:通过 HDL(Hardware Description Language,硬件描述语言,实验箱 FPGA 支持 Verilog、ABEL、VHDL 三种语言)实现器件的内部逻辑;

② **状态图方式**:使用画状态图的方式描述其内部逻辑,操作复杂,不建议使用。

③ **原理图方式**:利用芯片组提供的器件,用电路图的方式完成内容的逻辑设计。设计方式选定原理图方式后,即进入图 9.6 所示的原理图编辑器界面。

原理图编辑器左侧集成了常用的图标,图标含义及使用方法如表 9.1 所示。

表 9.1 常用图标含义及使用方法表

序号	图标	含义及使用方法
1		切换到电路编辑区域选中模式
2		查看电路内部逻辑结构按钮。单击该图标后,鼠标编程该图标形状,再单击要查看的器件,即可查看器件内部的结构

续表 9.1

序 号	图 标	含义及使用方法
3		打开 SC 符号窗口。在电路编辑区添加芯片组内置芯片,以及用户自定义的芯片(如图 9.12 右侧所示)。内置的芯片中包含常用的与门、或门、加法器、选择电路、寄存器(芯片的封装形式、功能等详见附录)等。用户在使用时可拉动滚动条实现浏览,亦可输入关键字进行查询
4		画网线。在编辑区为两个器件建立连线。具体操作时,单击一个引脚,再单击另外一个引脚,两个引脚之间将自动完成连线
5		添加总线。在编辑区为两个总线端添加总线连线
6		添加总线抽头。为总线分出具体连线,使用时,选中该图标,单击单根连接线,软件会自动和最近的总线关联。在单根连接线上输入总线号+序号,即可映射到总线的某根线上。如某总线 A[5:0],用户在分线后,双击连接线后,输入线的名称 A5,则该线将映射到总线的 A5 端
7		层次连接器。层次接线器在逻辑上连接用户封装的引脚和它对应的原理图。在进行封装时自动生成,不建议用户手动添加,也决不要在顶级原理图中用层次接线器

图 9.6 原理图编辑器界面

单击上述符号进行操作后,按键盘 ESC 键均可回到编辑模式。设计电路时,利用上述按钮操作界面,添加电路、完成电路连线,可完成顶层电路的绘制,继而完成电路的设计过程。在任何时候如需要停下设计,请从上拉菜单选择 File/Save 按钮保存已进行的工作。

说明:对于功能较复杂的电路,若在顶层将所有的器件罗列且连线,则顶层将十分凌乱,且电路的模块化较差、电路耦合性太强,不推荐使用。实际的使用过程中,可对重复使用、结构较复杂的电路进行封装。自底向上逐层封装,逐层仿真验证,提高设计的成功性。

9.5.3 器件的封装

软件中提供了器件封装的功能,在图 9.6 中选择 TOOLS/Symbol Wizard 按钮,打开封装向导。封装向导是指导设计者创建一个封装器件符号的整个过程,它根据所定义的引脚和封装器件的类型(原理图 ABEL、VHDL、状态图)产生一个"骨架"文件。后面介绍的 HDL 硬件描述语言编辑器也需利用这个设计向导完成器件的封装。封装的过程分成若干步,详细描述如下。

① **封装说明**。在如图 9.7 所示的界面中,单击【下一步】进入封装。

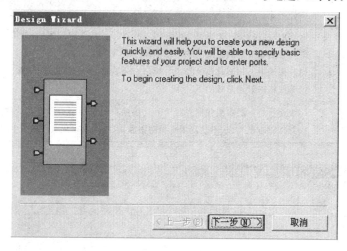

图 9.7 封装向导→封装说明界面

② **输入/选择内容界面**。在如图 9.8 所示的界面中,用户需要输入或选择器件封装的主要信息。

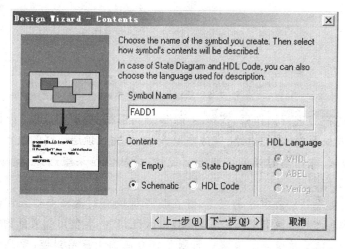

图 9.8 封装向导→输入/选择内容界面

在 Symbol Name 框中输入拟封装器件的名称,此例中要封装 1 位全加器,故命名 FADD1。建议在使用时,命名采用"功能+输入引脚端"的规则,且不能与系统已有的器件重名,在调用时,可快速获取该器件的信息。在系统内置的器件中,OR2 表示两输入的与门;ADD4 表示 4 位的加法器。

在"Contents"中选择器件的实现方式。"State Diagram"表示状态图的方式;"Schematic"表示原理图的方式;"HDL Code"表示硬件描述语言编程的方式,若选中该方式,还需选择编程的语言,即 VHDL、ABEL 或 Verilog 语言。本例中使用电路图连线的方式实现 1 位全加器,故选择 Schematic 方式。

③ **引脚定义**。在如图 9.9 所示的界面中,用户需要完成拟封装器件的输入/输出引脚的定义和命名。

具体操作时,用户先单击 New 按钮,在 Name 框中输入引脚名称,选择引脚类型;Input 表示输入引脚,封装后将出现在芯片的左侧;Output 表示输出引脚,封装后将出现在芯片的右侧;Bidirectional 表示双向引脚,一般以总线的形式出现。Bus 表示总线,总线可以从高位到低位排列,也可以从低位到高位排列,通过单击左右侧的上下箭头进行修改。

若封装过程中需要删除已定义的引脚,只需在中间的列表空间中选取一个引脚,单击 Delete 按钮即可完成删除。至此,封装的主体工作均已完成。

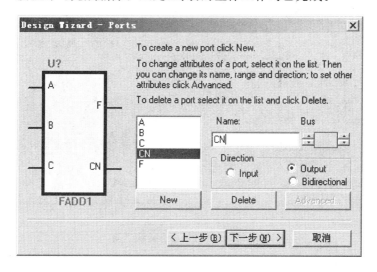

图 9.9　封装向导→引脚定义界面

④ **添加其他属性**。在如图 9.10 所示的界面中,用户可以为拟封装的器件定义引用名字、长备注和短备注,一般情况下默认即可。

⑤ **确认封装**。在如图 9.11 所示的界面中,系统提示新创建的器件名称、将包含的库文件信息。若确认无误,单击"完成"按钮将完成器件的封装。如需修正则通过"上一步",切换到其他步骤进行修改。

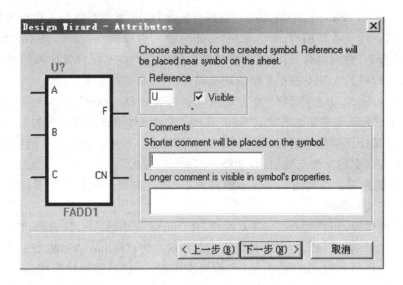

图 9.10　封装向导→添加其他属性界面

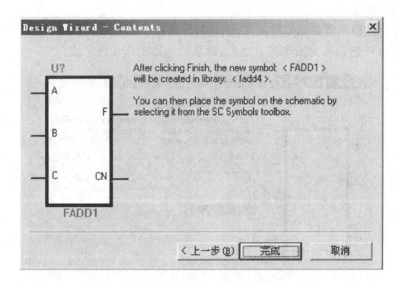

图 9.11　封装向导→确认界面

根据 1 位全加器的功能,定义了两个本位输入端 A 和 B、进位输入端 C、本位输出端和高位进位端 CN。通过上述过程仅定义了芯片的外观形式等信息,需要进一步操作完成器件的功能。

⑥ **内部实现**。在图 9.11 中单击"完成"按钮,将弹出图 9.12 所示的界面,界面左侧为输入引脚,右侧为输出引脚。

操作过程中,需要用户根据芯片输入引脚和输出引脚间的逻辑,完成电路的连接和实现,编辑过程中,单击 D 在 Virtex 库文件中选择已存在的器件、或者选择用户自

9　课程设计教程

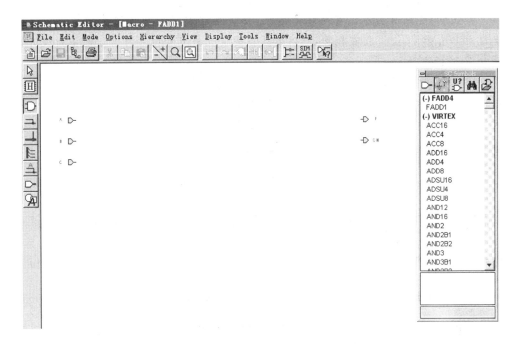

图 9.12　实现内部界面

定义的器件(上图右侧对话框),进行内部的连线。

1 位全加器的逻辑较为简单,根据已学知识,可知输入与输出之间的逻辑关系如图 9.13 所示。

根据上述分析,利用系统自带的异或门 XOR2、与门 AND2 和或门 OR3,补充完内部的连线后如图 9.14 所示。

$$F = A \oplus B \oplus C$$
$$CN = AB + AC + BC$$

图 9.13　1 位全加器输入与输出逻辑关系图

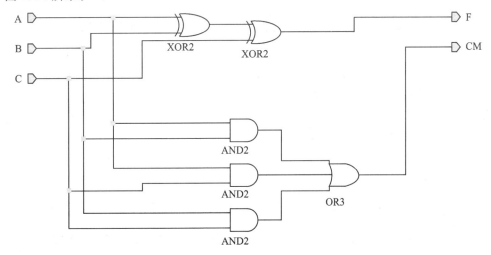

图 9.14　1 位全加器内部实现图

说明：连线时容易出现断线的情况,在仿真时无法得到正确的结果。一般在连线后单击器件,上下左右拖动,确定无虚联的情况后方可保存退出。出现断线的情况如图9.15所示。

除了器件的引脚与线直连外,在封装芯片或者调用内部器件时,还有一种情况就是与总线的连线。如前所述,当确定连接到总线时,单击图9.12左侧的 图标,完成与连线及总线的映射。映射的示意图如图9.16所示。

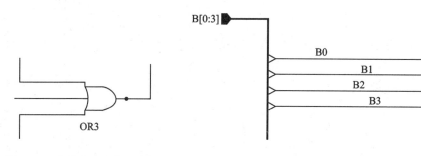

图 9.15　连线出现断线示意图　　　　图 9.16　与总线的映射示意图

注意：图9.16中,为保证右侧连线与左侧 B[0:3]各数据线的正确关联,应双击连线,将连线的属性"Net"命名为 $B_0 \sim B_3$。

至此,已通过软件的封装向导,完成了1位全加器模块的封装与内部连线,需要通过仿真来检验设计和实现的正确性。

9.5.4　器件的仿真

器件或模块封装后,通过仿真检验其正确后,方能投入下一步的设计中。仿真既可以在封装器件的内部进行,也可以在顶层设计中针对某个模块进行,但均遵循以下步骤。

① **添加仿真信号,准备仿真**。在系统的工具栏选择 按钮,弹出仿真的工具栏如图9.17所示。

图 9.17　启动仿真过程示意图

图9.17中,常见的图标及其功能如表9.2所示。

该步骤有两种方式,即：先添加仿真信号,再启动仿真主界面;或者先启动仿真主界面,再选择仿真信号。

先添加仿真信号,再启动仿真波形界面的方式下,先通过 按钮添加需仿真的节点,或通过双击批量选择某个芯片的部分引脚,再单击 按钮启动仿真波形界面。批量选择和仿真主界面如图9.18所示。

9 课程设计教程

表9.2 常用图标含义及使用方法表

序号	图标	含义及使用方法
1		添加仿真信号。单击该图标后,鼠标单击某条线,或者芯片的某个引脚,即可将该点添加到仿真信号列表中;或者单击该图标后,用鼠标双击某个芯片,在弹出的界面中全部选择,或者选择某些添加到仿真信号列表。
2		撤销仿真信号。操作与添加仿真信号类似,作用是将该点从仿真信号列表中删除。
3	SIM	打开仿真波形界面,将仿真列表加入仿真波形界面

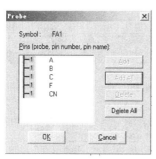
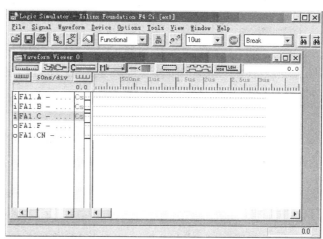

图9.18 先添加仿真信号再启动仿真过程示意图

先启动仿真波形界面,再添加仿真信号的方式下,先通过 SIM 按钮启动仿真波形界面。新打开的波形窗口没有信号,用户需要将要观察的信号和驱动信号加入窗口内。选择软件模拟窗口的菜单 Signal/Add Signals 功能,系统弹出添加信号窗口。在窗口的 Signals Selection 框内双击拟观察的信号名和驱动信号名,软件自动添加到观察窗口内,或选择好信号名后,按 Add 钮也可将信号加入观察窗口。窗口内有很多中间信号,选择时可以忽略不计。完成信号添加后,单击 Close 按钮关闭添加信号窗口。在仿真波形界面中添加信号的窗口如图9.19所示。

② **定义仿真信号波形**。信号加入观察窗口后,需要定义要仿真的输入信号,用来模拟外部的输入时序。在仿真波形界面单击右键,在弹出的菜单中选择 Edit 选项,将弹出如图9.20所示的输入信号编辑窗口。

该窗口中,常用的图标及其含义如表9.3所示。

操作时,在仿真信号界面右侧,单击鼠标选定要编辑信号的范围,再单击表9.3中相应的图标,即可完成该信号或该区域的信号设定。设定后的输入波形如图9.21

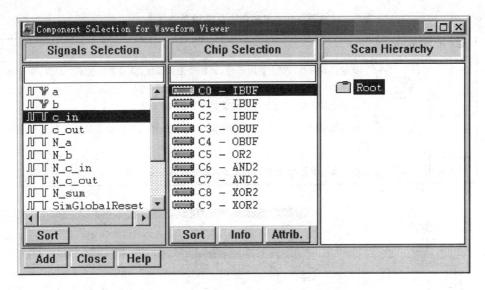

图 9.19　在仿真波形界面添加信号示意图

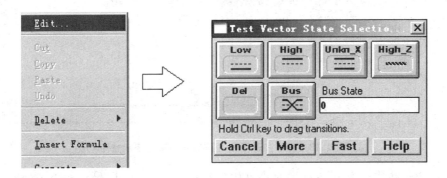

图 9.20　输入信号编辑窗口图

所示。

表 9.3　常用图标含义及使用方法表

序号	图标	含义及使用方法
1	Low	设定低电平
2	High	设置高电平
3	Bus	设置总线的内容,在右侧部分填写总线内容的十六进制数

③ **运行软件逻辑仿真。** 当所有输入的波形定义好之后,就可以进行软件逻辑功能模拟仿真了。按下逻辑功能模拟窗口工具栏里的【单步模拟】图标 按钮,软件模

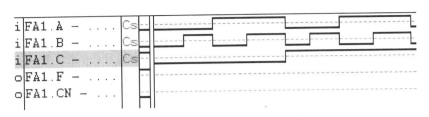

图 9.21 设定后的输入波形图

拟器每次仿真一步,所走的时间可由用户设定。模拟器每走一步,输出信号的波形就会输出一步的信号。若仿真过程中发现输出信号不是设计要求的,可以重新定义输入信号的波形。按下逻辑模拟窗口工具栏里的【加电】图标按钮,软件模拟器复位,再按【单步模拟】按钮,重新开始逻辑功能模拟。软件模拟后的波形如图 9.22 所示。

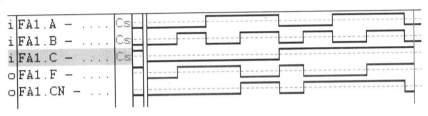

图 9.22 模拟后的波形图

从上图可以看出,输入波形与输出波形之间符合设计的逻辑,说明设计和实现的电路是正确的,可以进入下一步的设计。

④保存仿真波形。仿真完成后的波形可以保存下来,定义的输入波形在下次仿真时能调出使用。选择仿真窗口主菜单 File/Save WaveForm 功能,出现如图 9.23 所示对话框,输入文件名波形文件后缀为"*.tve",按【确定】按钮保存文件。

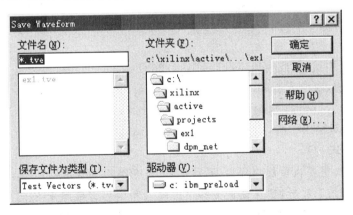

图 9.23 保存波形图对话框

9.5.5 顶层文件的设计

自底向上完成所有模块的封装、仿真后,按照电路的设计图,完成整体电路的设计。在顶层界面(图 9.6)中,调用已经封装后的模块,以及系统自带的逻辑器件,完成各部分的连线。

添加器件时,其默认的显示名称为 U+数字的形式,电路的可读性较差。引用器件后,一般进行重命名操作。双击该器件,或者单击后,再单击右键,选择 Symbol Properies,编辑该器件的属性,选择过程如图 9.24 所示。

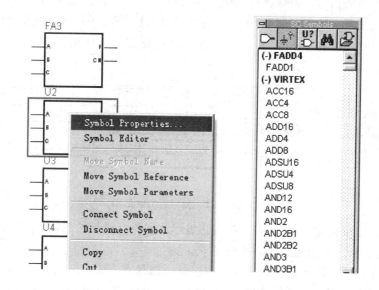

图 9.24　启动选定器件属性编辑窗口操作图

在弹出如图 9.25 的属性窗口中,修改 Reference 字段,单击 OK 按钮,完成器件显示名称的修改。该界面中还可进行器件的旋转、绑定引脚等操作,实际操作时认真体会。

对 4 位全加器,完成的顶层设计如图 9.26 所示。

图 9.26 中,对输入引脚,为了能顺利下载至 FPGA,必须完成每个 I/O 引脚与 FPGA 对应的 I/O 引脚相关联。故在顶层设计时,对顶层的每个输入引脚上加入 IPAD、IBUF;对输出引脚,应加入 OBUF 和 OPAD。若添加的为时钟信号,其输入缓冲必须为 IBUFG。

说明:仅需要在顶层中加入 IPAD、IBUF、OBUF 和 OPAD,若在模块中加入,有可能会出错。下载时,顶层设计文件中的输入和输出需依赖于 FPGA 中的开关或小灯,才能呈现正确的实验现象。故在每个 IPAD 和 OPAD 上均需定义所属的 XCV200 的管脚号,下载时才能映射到 FPGA 电路板。

9 课程设计教程

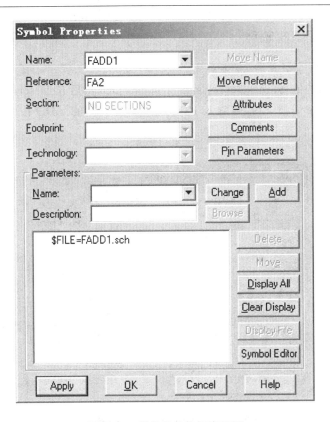

图 9.25 器件属性编辑窗口图

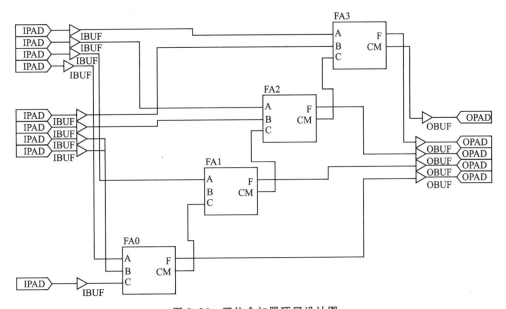

图 9.26 四位全加器顶层设计图

77

9.5.6 管脚的映射

顶层电路设计完成后,双击图中的 IPAD 或 OPAD,弹出如图 9.27 所示的属性编辑对话框,首先在 Parameters/Name 中选择 LOC,然后在 Description 中输入 P+管脚号(如映射到管脚 129,则输入 P129),再单击右侧的 ADD 按钮,单击 OK 按钮后完成映射确认。

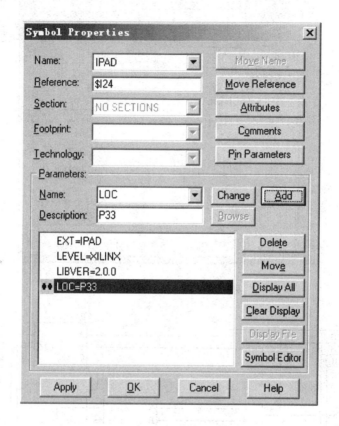

图 9.27 管脚映射图

说明:对编号小于 100 的引脚,建立映射时应将编号前的"0"去掉,例如映射到管脚 023,则输入 P23,若输入 P023,在编译时将报错。

管脚完成映射后,顶层设计文件相应的 PAD 上显示将发生变化,添加映射后的引脚如图 9.28 所示。

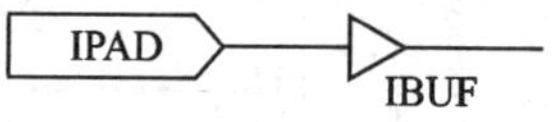

图 9.28 添加映射后的引脚图

FPGA 电路板与 XCV200 引脚的映射关系如表 9.4 所示。

表 9.4 引脚映射表

FPGA 器件	连接 XCV200 的管脚从高位到低位
时钟输入脉冲	213
八段数码管 D0	215,216,217,218,220,221,222,223
八段数码管 D1	224,228,229,230,231,232,234,235
八段数码管 D2	236,237,238,003,004,005,006,007
八段数码管 D3	009,010,011,012,013,017,018,019
八段数码管 D4	020,021,023,024,025,026,027,028
八段数码管 D5	031,042,046,052,057,067,068,074
发光二极管[B7..B0]	078,093,099,107,108,019,124,125
发光二极管[A7..A0]	147,152,178,184,185,203,111,110
开关组 K0	094,095,096,097,100,101,102,103
开关组 K1	079,080,081,082,084,085,086,087
开关组 K2	063,064,065,066,070,071,072,073
开关组 K3	056,055,054,053,050,049,048,047
开关组 K4	033,034,035,036,038,039,040,041
存储器数据线低 8 位	170,169,168,149,153,154,155,156
存储器数据线高 8 位	192,193,194,195,199,200,201,202
存储器地址线低 8 位	175,174,173,159,160,161,162,163
存储器地址线高 8 位	187,205,206,207,208,167,186,176
存储器控制线	157(CS),171(WR),188(RD),189(BH),191(BL)
扩展 IO 端口[E18..E0](偶数)	111,114,116,118,127,130,132,134,139,141
扩展 IO 端口[E19..E1](奇数)	110,113,115,117,120,128,131,133,138,140

9.5.7 顶层设计电路的仿真

管脚的映射完成后,可进入最终的仿真,顶层设计文件的仿真与 9.5.4 小节过程类似,在此不再赘述。对 4 位全加器,其最终仿真如图 9.29 所示。

从图 9.29 中仿真结果观察,对输入 A=0000B,B=1111B,进位位 C=0,得到运算结果 F=1111B,CN=0;对输入 A=0100B,B=1111B,进位位 C=0,得到运算结果 F=0011,CN=1。两组结果均正确,实际操作时,对所有的输入情况均应进行仿真,以保证测试的覆盖度。仿真过程中,也可以切换到设计视图,能更直观地查看当前的输入和输出状态,本例的效果如图 9.30 所示。

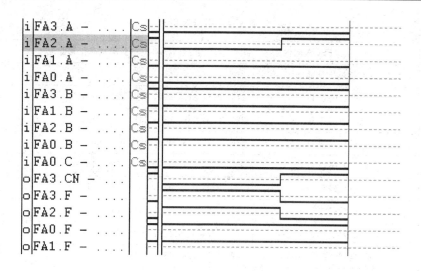

图 9.29　4 位全加器整体仿真图

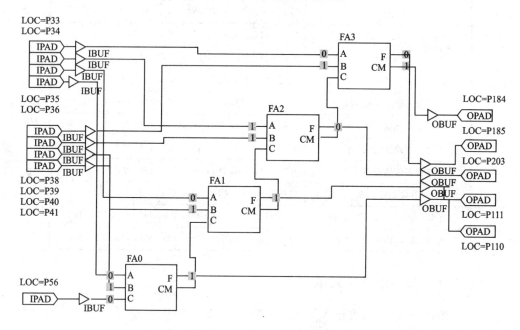

图 9.30　在设计窗口查看仿真图

9.5.8　项目编译

在逻辑功能仿真完成后,就要将项目中的设计电路编译生成目标文件,并下载到具体的芯片中,来实现项目中设计的逻辑功能。用鼠标单击流程图窗口中的【编译】图标启动编译程序。如果是项目第一次编译,软件会弹出如图 9.31 所示的【综合/编译设置】对话框。

9 课程设计教程

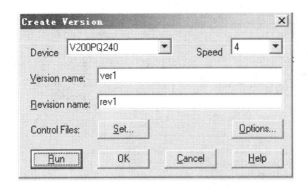

图 9.31 综合/编译设置对话框

进行设置时,单击对话框中 Options 按钮,在弹出的如图 9.32 的配置选项对话框中选择 Startup/JTAG Clock,其他选项默认,单击【确定】按钮后完成配置。

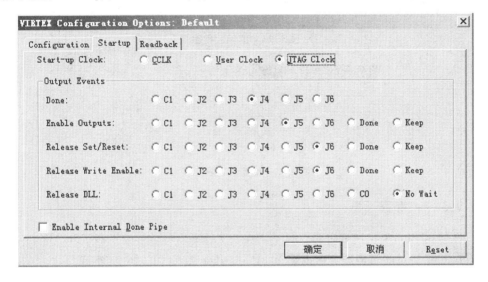

图 9.32 Virtex 配置对话框

说明:在选择 Start – up Clock 时,只能选择 JTAG Clock,否则编译和下载均不能成功。

图 9.32 中,单击【确认】按钮后,退到【综合/编译设置】对话框,按下 Run 按钮开始编译即可。编译时,软件显示编译过程的窗口,一步一步显示编译的过程,如果出现错误,程序会给出提示,用户可观察出错报告找出错误所在,解决错误后再次【综合/编译设置】直到编译完成。编译的过程如图 9.33 所示。

若编译成功,将显示如图 9.34 所示的提示框,形成下载所需的 *.bit 文件,即可进入下载环节。

81

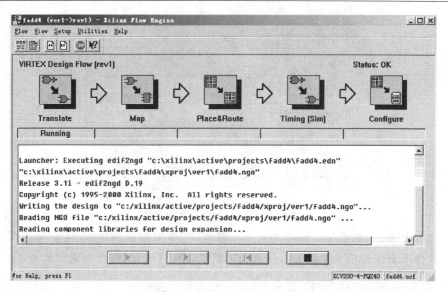

图9.33 编译过程图

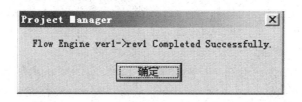

图9.34 编译成功提示图

9.5.9 编程下载

在使用 FPGA 扩展板时,使用 COP2000 实验平台的软件来下载 FPGA 程序,在 FPGA 扩展窗口的结构图页面上选择 FPGA 编程功能,弹出图 9.35 界面。

在【打开】的对话框中,选择刚才生成的 fadd4.BIT 文件所在路径,选中该文件,按【打开】按钮,程序就会对 FPGA 进行编程,并显示编程进度。在选择 FPGA 编程功能时,若 COP2000 实验平台与计算机连接不正确,程序会显示"未连接串口",若 FPGA 扩展板没有接到实验平台上或扩展板有错,程序会显示"FPGA 出错"。

待所有错误排除后,重新选择 FPGA 编程功能,装载 *.bit 文件,即可看到正确的下载结果。下载成功后的 FPGA 界面如图 9.36 所示。

上图中,对输入 A＝1100B,B＝0010B,C＝0 时,能获得正确的显示结果 1110B,且进位位为 0。

说明:在打开 bit 文件下载时,请勿操作计算机,否则有可能导致 COP2000 实验集成环境无响应。需要重新下载时,COP2000 实验平台必须重新上电,才能保证下载的成功。

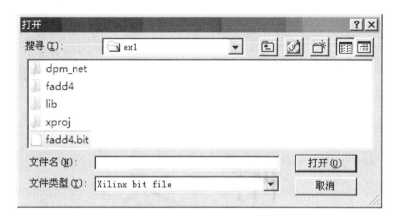

图 9.35 打开要下载的文件图

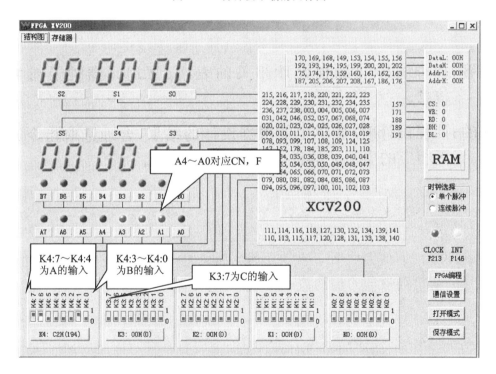

图 9.36 下载成功后的 FPGA 界面图

采用原理图方式进行设计、实现、仿真和下载的全过程,实现了 4 位全加器。对其他硬件类课程设计题目,复杂度较例题大,实现时,遵循上述步骤,充分利用已学知识,细心完成每步操作,即可实现课程设计的任务。

采用原理图的设计方式,连线较复杂,且连线时容易出现较难发现的错误,在较复杂的电路设计中,顶层文件设计采用原理图方式,内部器件的实现更多的是采用 HDL 语言的方式实现。

附　　录

内容: 列举实验与课程设计相关的表格、常用元器件及参数信息。

目的: 课程设计时,使学生能根据设计的结果,合理选取指令或者相应的电子元器件,完成设计的功能。

附录 A COP2000 指令集及微指令集

表 A.1 中详细记录了模型机的指令助记符、机器码和简要说明信息，方便读者在进行实验和课程设计的过程中查阅。

表 A.1 模型机指令集

指令形式	机器码 1	机器码 2	简要说明
FATCH	000000xx		实验机占用，不可修改。复位后，所有寄存器清 0，首先执行 _FATCH_ 指令取指
ADD A, R?	000100xx		将寄存器 R? 的值加入累加器 A 中
ADD A, @R?	000101xx		将间址存储器的值加入累加器 A 中
ADD A, MM	000110xx	MM	将存储器 MM 地址的值加入累加器 A 中
ADD A, #II	000111xx	II	将立即数 II 加入累加器 A 中
ADDC A, R?	001000xx		将寄存器 R? 的值加入累加器 A 中，带进位
ADDC A, @R?	001001xx		将间址存储器的值加入累加器 A 中，带进位
ADDC A, MM	001010xx	MM	将存储器 MM 地址的值与进位加入累加器 A 中
ADDC A, #II	001011xx	II	将立即数 II 加入累加器 A 中，带进位
SUB A, R?	001100xx		从累加器 A 中减去寄存器 R? 的值
SUB A, @R?	001101xx		从累加器 A 中减去间址存储器的值
SUB A, MM	001110xx	MM	从累加器 A 中减去存储器 MM 地址的值
SUB A, #II	001111xx	II	从累加器 A 中减去立即数 II 加入累加器 A 中
SUBC A, R?	010000xx		从累加器 A 中减去寄存器 R? 的值，减进位
SUBC A, @R?	010001xx		从累加器 A 中减去间址存储器的值，减进位
SUBC A, MM	010010xx	MM	从累加器 A 中减去存储器 MM 地址的值，减进位
SUBC A, #II	010011xx	II	从累加器 A 中减去立即数 II，减进位
AND A, R?	010100xx		累加器 A"与"寄存器 R? 的值
AND A, @R?	010101xx		累加器 A"与"间址存储器的值
AND A, MM	010110xx	MM	累加器 A"与"存储器 MM 地址的值
AND A, #II	010111xx	II	累加器 A"与"立即数 II
OR A, R?	011000xx		累加器 A"或"寄存器 R? 的值
OR A, @R?	011001xx		累加器 A"或"间址存储器的值
OR A, MM	011010xx	MM	累加器 A"或"存储器 MM 地址的值

续表 A.1

指令形式	机器码1	机器码2	简要说明
OR A, #II	011011xx	II	累加器A"或"立即数II
MOV A, R?	011100xx		将寄存器R?的值送到累加器A中
MOV A, @R?	011101xx		将间址存储器的值送到累加器A中
MOV A, MM	011110xx	MM	将存储器MM地址的值送到累加器A中
MOV A, #II	011111xx	II	将立即数II送到累加器A中
MOV R?, A	100000xx		将累加器A的值送到寄存器R?中
MOV @R?, A	100001xx		将累加器A的值送到间址存储器中
MOV MM, A	100010xx	MM	将累加器A的值送到存储器MM地址中
MOV R?, #II	100011xx	II	将立即数II送到寄存器R?中
READ MM	100100xx	MM	从外部地址MM读入数据,存入累加器A中
WRITE MM	100101xx	MM	将累加器A中数据写到外部地址MM中
JC MM	101000xx	MM	若进位标志置1,跳转到MM地址
JZ MM	101001xx	MM	若零标志位置1,跳转到MM地址
JMP MM	101011xx	MM	跳转到MM地址
INT	101110xx		实验机占用,不可修改。进入中断时,实验机硬件产生_INT_指令
CALL MM	101111xx	MM	调用MM地址的子程序
IN	110000xx		从输入端口读入数据到累加器A中
OUT	110001xx		将累加器A中数据输出到输出端口
RET	110011xx		子程序返回
RR A	110100xx		累加器A右移
RL A	110101xx		累加器A左移
RRC A	110110xx		累加器A带进位右移
RLC A	110111xx		累加器A带进位左移
NOP	111000xx		空指令
CPL A	111001xx		累加器A取反,再存入累加器A中
RETI	111011xx		中断返回

表A.2中详细记录了表A.1中各指令采用微程序实现时,对应每个状态发出的微指令、微指令对应的操作以及存放微指令的地址等信息。

附录A COP2000指令集及微指令集

表 A.2 模型机指令/微指令列表

助记符	状态	微地址	微程序	数据输出	数据打入	地址输出	运算器	移位控制	μPC	PC
FATCH	T0	00	CBFFFF		指令寄存器 IR	PC 输出	A 输出		写入	+1
未使用		01~0F			未使用无操作					
ADD A, R?	T2	10	FFF7EF	寄存器值 R?	寄存器 W		A 输出		+1	
	T1	11	FFFE90	ALU 直通 D	寄存器 A, 标志位 C,Z		加运算		+1	
	T0	12	CBFFFF		指令寄存器 IR	PC 输出	A 输出		写入	+1
空	T3	13	FFFFFF			无操作				
ADD A, @R?	T3	14	FF77FF	寄存器值 R?	地址寄存器 MAR		A 输出		+1	
	T2	15	D7BFEF	存储器值 EM	寄存器 W	MAR 输出	A 输出		+1	
	T1	16	FFFE90	ALU 直通 D	寄存器 A, 标志位 C,Z		加运算		+1	
	T0	17	CBFFFF		指令寄存器 IR	PC 输出	A 输出		写入	+1
ADD A,MM	T3	18	C77FFF	存储器值 EM	地址寄存器 MAR		A 输出		+1	
	T2	19	D7BFEF	存储器值 EM	寄存器 W	MAR 输出	A 输出		+1	
	T1	1A	FFFE90	ALU 直通 D	寄存器 A, 标志位 C,Z		加运算		+1	
	T0	1B	CBFFFF		指令寄存器 IR	PC 输出	A 输出		写入	+1
ADD A, #II	T2	1C	C77FFF	存储器值 EM	寄存器 W	PC 输出	A 输出		+1	
	T1	1D	FFFE90	ALU 直通 D	寄存器 A, 标志位 C,Z		加运算		+1	
	T0	1E	CBFFFF		指令寄存器 IR	PC 输出	A 输出		写入	+1
空		1F	FFFFFF			无操作				
ADDC A,R?	T2	20	FFF7EF	寄存器值 R?	寄存器 W		A 输出		+1	
	T1	21	FFFE94	ALU 直通 D	寄存器 A, 标志位 C,Z		带进位加运算		+1	
	T0	22	CBFFFF		指令寄存器 IR	PC 输出	A 输出		写入	+1
空		23	FFFFFF			无操作				

续表 A.2

助记符	状态	微地址	微程序	数据输出	数据打入	地址输出	运算器	移位控制	μPC	PC
ADDC A,@R?	T_3	24	FF77FF	寄存器值R?	地址寄存器MAR	MAR输出	A输出		+1	
	T_2	25	D7BFEF	存储器值EM	寄存器W					写入
	T_1	26	FFFE94	ALU直通D	寄存器A,标志位C,Z		带进位加运算		+1	
	T_0	27	CBFFFF		指令寄存器IR	PC输出	A输出		写入	+1
ADDC A,MM	T_3	28	C77FFF	存储器值EM	地址寄存器MAR	MAR输出	A输出		+1	
	T_2	29	D7BFEF	存储器值EM	寄存器W					写入
	T_1	2A	FFFE94	ALU直通D	寄存器A,标志位C,Z		带进位加运算		+1	
	T_0	2B	CBFFFF		指令寄存器IR	PC输出	A输出		写入	+1
ADDC A,#II	T_2	2C	C77FFF	存储器值EM	寄存器W					写入
	T_1	2D	FFFE94	ALU直通D	寄存器A,标志位C,Z		带进位加运算		+1	
	T_0	2E	CBFFFF		指令寄存器IR	PC输出	A输出		写入	+1
空	T_0	2F	FFFFFF			无操作			+1	
SUB A,R?	T_2	30	FF77EF	寄存器值R?	寄存器W					写入
	T_1	31	FFFE91	ALU直通D	寄存器A,标志位C,Z		减法运算		+1	
	T_0	32	CBFFFF		指令寄存器IR	PC输出	A输出		写入	+1
空	T_0	33	FFFFFF			无操作			+1	
SUBA,@R?	T_3	34	FF77FF	寄存器值R?	地址寄存器MAR	MAR输出	A输出		+1	
	T_2	35	D7BFEF	存储器值EM	寄存器W					写入
	T_1	36	FFFE91	ALU直通D	寄存器A,标志位C,Z		减法运算		+1	
	T_0	37	CBFFFF		指令寄存器IR	PC输出	A输出		写入	+1
SUB A,MM	T_3	38	C77FFF	存储器值EM	地址寄存器MAR	MAR输出	A输出		+1	
	T_2	39	D7BFEF	存储器值EM	寄存器W					写入
	T_1	3A	FFFE91	ALU直通D	寄存器A,标志位C,Z		减法运算		+1	
	T_0	3B	CBFFFF		指令寄存器IR	PC输出	A输出		写入	+1

附录 A COP2000 指令集及微指令集

续表 A.2

助记符	状态	微地址	微程序	数据输出	数据打入	地址输出	运算器	移位控制	μPC	PC
SUB A, #II	T_2	3C	C77FFF	存储器值 EM	寄存器 W	PC 输出	A 输出		+1	+1
	T_1	3D	FFFE91	ALU 直通 D	指令寄存器 A,标志位 C,Z		减法运算		+1	
	T_0	3E	CBFFFF		指令寄存器 IR	PC 输出	A 输出	写入	+1	+1
空	T_0	3F	FFFFFF			无操作				
SUBC A, R?	T_2	40	FFF7EF	寄存器值 R?	寄存器 W		A 输出		+1	+1
	T_1	41	FFFE95	ALU 直通 D	指令寄存器 A,标志位 C,Z		带进位减运算		+1	
	T_0	42	CBFFFF		指令寄存器 IR	PC 输出	A 输出	写入	+1	+1
空	T_0	43	FFFFFF			无操作				
SUBCA, @R?	T_3	44	FF77FF	寄存器值 R?	地址寄存器 MAR	MAR 输出	A 输出		+1	
	T_2	45	D7BFEF	存储器值 EM	寄存器 W	PC 输出	A 输出		+1	+1
	T_1	46	FFFE95	ALU 直通 D	指令寄存器 A,标志位 C,Z		带进位减运算		+1	
	T_0	47	CBFFFF		指令寄存器 IR	PC 输出	A 输出	写入	+1	+1
SUBC A,MM	T_3	48	C77FFF	存储器值 EM	地址寄存器 MAR	PC 输出	A 输出		+1	+1
	T_2	49	D7BFEF	存储器值 EM	寄存器 W	MAR 输出	A 输出		+1	
	T_1	4A	FFFE95	ALU 直通 D	指令寄存器 A,标志位 C,Z		带进位减运算		+1	
	T_0	4B	CBFFFF		指令寄存器 IR	PC 输出	A 输出	写入	+1	+1
SUBC A, #II	T_2	4C	C77FFF	存储器值 EM	寄存器 W	PC 输出	A 输出		+1	+1
	T_1	4D	FFFE95	ALU 直通 D	指令寄存器 A,标志位 C,Z		带进位减运算		+1	
	T_0	4E	CBFFFF		指令寄存器 IR	PC 输出	A 输出	写入	+1	+1
空	T_0	4F	FFFFFF			无操作				
AND A, R?	T_2	50	FFF7EF	寄存器值 R?	寄存器 W		A 输出		+1	+1
	T_1	51	FFFE93	ALU 直通 D	指令寄存器 A,标志位 C,Z		与运算		+1	
	T_0	52	CBFFFF		指令寄存器 IR	PC 输出	A 输出	写入	+1	+1
空	T_0	53	FFFFFF			无操作				

续表 A.2

助记符	状态	微地址	微程序	数据输出	数据打入	地址输出	运算器	移位控制	μPC	PC
ANDA,@R?	T_3	54	FF77FF	寄存器值R?	地址寄存器MAR	MAR输出	A输出		+1	+1
	T_2	55	D7BFEF	存储器值EM	寄存器W		A输出		写入	+1
	T_1	56	FFFE93	ALU直通D	寄存器A,标志位C,Z		与运算		+1	+1
	T_0	57	CBFFFF	存储器值EM	指令寄存器IR	PC输出	A输出		写入	+1
AND A,MM	T_2	58	C77FFF	存储器值EM	地址寄存器MAR	MAR输出	A输出		写入	+1
	T_1	59	D7BFEF	存储器值EM	寄存器W		A输出		写入	+1
	T_0	5A	FFFE93	ALU直通D	寄存器A,标志位C,Z		与运算		+1	+1
AND A,#II	T_2	5B	CBFFFF	存储器值EM	寄存器W	PC输出	A输出		写入	+1
	T_1	5C	C77FFF	存储器值EM	寄存器A,标志位C,Z	PC输出	与运算		写入	+1
	T_0	5D	FFFE93	ALU直通D	指令寄存器IR		与运算		+1	+1
空	T_0	5E	FFFFFF			无操作			+1	
OR A,R?	T_3	5F	FFF7EF	寄存器值R?	寄存器W		A输出		+1	+1
	T_2	60	FFFE92	ALU直通D	寄存器A,标志位C,Z		或运算		+1	+1
	T_1	61	CBFFFF	存储器值EM	指令寄存器IR	PC输出	A输出		写入	+1
	T_0	62	FFFFFF						+1	+1
空		63	FFFFFF			无操作				
OR A,@R?	T_3	64	FF77FF	寄存器值R?	地址寄存器MAR	MAR输出	A输出		+1	+1
	T_2	65	D7BFEF	存储器值EM	寄存器W		A输出		写入	+1
	T_1	66	FFFE92	ALU直通D	寄存器A,标志位C,Z		或运算		+1	+1
	T_0	67	CBFFFF	存储器值EM	指令寄存器IR	PC输出	A输出		写入	+1
OR A,MM	T_3	68	C77FFF	存储器值EM	地址寄存器MAR	MAR输出	A输出		写入	+1
	T_2	69	D7BFEF	存储器值EM	寄存器W		A输出		写入	+1
	T_1	6A	FFFE92	ALU直通D	寄存器A,标志位C,Z		或运算		+1	+1
	T_0	6B	CBFFFF	存储器值EM	指令寄存器IR	PC输出	A输出		写入	+1

附录 A COP2000 指令集及微指令集

续表 A.2

助记符	状态	微地址	微程序	数据输出	数据打入	地址输出	运算器	移位控制	μPC	PC
OR A, #II	T_2	6C	C77FFF	存储器值 EM	寄存器 W	PC 输出	A 输出		+1	+1
	T_1	6D	FFFE92	ALU 直通 D	寄存器 A, 标志位 C, Z		或运算		+1	
	T_0	6E	CBFFFF		指令寄存器 IR	PC 输出	A 输出		写入	+1
空		6F	FFFFFF			无操作				
MOV A, R?	T_1	70	FFF7F7	寄存器值 R?	寄存器 A		A 输出		+1	
	T_0	71	CBFFFF		指令寄存器 IR	PC 输出	A 输出		写入	+1
空		72	FFFFFF			无操作				
		73	FFFFFF							
MOV A, @R?	T_2	74	FF77FF	寄存器值 R?	地址寄存器 MAR		A 输出		+1	
	T_1	75	D7BFF7	存储器值 EM	寄存器 A	MAR 输出	A 输出		+1	
	T_0	76	CBFFFF		指令寄存器 IR	PC 输出	A 输出		写入	+1
空		77	FFFFFF			无操作				
MOV A, MM	T_2	78	C77FFF	存储器值 EM	地址寄存器 MAR	PC 输出	A 输出		+1	+1
	T_1	79	D7BFF7	存储器值 EM	寄存器 A	MAR 输出	A 输出		+1	
	T_0	7A	CBFFFF		指令寄存器 IR	PC 输出	A 输出		写入	+1
空		7B	FFFFFF			无操作				
MOV A, #II	T_1	7C	C7FFF7	存储器值 EM	寄存器 A	PC 输出	A 输出		+1	+1
	T_0	7D	CBFFFF		指令寄存器 IR	PC 输出	A 输出		写入	+1
空		7E	FFFFFF			无操作				
		7F	FFFFFF							
MOV R?, A	T_1	80	FFFB9F	ALU 直通 D	寄存器 R?		A 输出		+1	
	T_0	81	CBFFFF		指令寄存器 IR	PC 输出	A 输出		写入	+1
空		82	FFFFFF			无操作				
		83	FFFFFF							

续表 A.2

助记符	状态	微地址	微程序	数据输出	数据打入	地址输出	运算器	移位控制	μPC	PC
MOV @R?,A	T_2	84	FF77FF	寄存器值R?	地址寄存器MAR	MAR输出	A输出		+1	+1
	T_1	85	B7BF9F	ALU直通D	存储器EM	PC输出	A输出		写入	+1
	T_0	86	CBFFFF		指令寄存器IR	PC输出	A输出		+1	+1
空		87	FFFFFF			无操作				
MOV MM,A	T_2	88	C77FFF	存储器值EM	地址寄存器MAR	PC输出	A输出		+1	+1
	T_1	89	B7BF9F	ALU直通D	存储器EM	MAR输出	A输出		写入	+1
	T_0	8A	CBFFFF		指令寄存器IR	PC输出	A输出		+1	+1
空		8B	FFFFFF			无操作				
MOV R?,#II	T_2	8C	C7FBFF	存储器值EM	寄存器R?	PC输出	A输出		+1	+1
	T_1	8D	CBFFFF		指令寄存器IR	PC输出	A输出		+1	+1
	T_0	8E	FFFFFF			无操作				
空		8F	FFFFFF			无操作				
READ A,MM	T_2	90	C77FFF	存储器值EM	地址寄存器MAR	PC输出	A输出		+1	+1
	T_1	91	7FBFF7		寄存器A	MAR输出	A输出		写入	+1
	T_0	92	CBFFFF		指令寄存器IR	PC输出	A输出		+1	+1
空		93	FFFFFF			无操作				
WRITE MM,A	T_2	94	C77FFF	存储器值EM	地址寄存器MAR	PC输出	A输出		+1	+1
	T_1	95	FF9F9F	ALU直通D	用户OUT	MAR输出	A输出		写入	+1
	T_0	96	CBFFFF		指令寄存器IR	PC输出	A输出		+1	+1
空		97	FFFFFF			无操作				
未使用	T_0	98	CBFFFF							
		99~9B	FFFFFF			无操作				
未使用	T_0	9C	CBFFFF							
		9D~9F	FFFFFF							

附录 A COP2000 指令集及微指令集

续表 A.2

助记符	状态	微地址	微程序	数据输出	数据打入	地址输出	运算器	移位控制	μPC	PC
JC MM	T_1	A0	C6FFFF	存储器值 EM	寄存器 PC	PC 输出	A 输出		+1	写入
	T_0	A1	CBFFFF		指令寄存器 IR	PC 输出	A 输出		写入	+1
空		A2~A3	FFFFFF			无操作				
JZ MM	T_1	A4	C6FFFF	存储器值 EM	寄存器 PC	PC 输出	A 输出		+1	写入
	T_0	A5	CBFFFF		指令寄存器 IR	PC 输出	A 输出		写入	+1
空		A6	FFFFFF			无操作				
		A7	FFFFFF							
未使用		A8	CBFFFF			无操作				
		A9~AB	FFFFFF							
JMP MM	T_1	AC	C6FFFF	存储器值 EM	寄存器 PC	PC 输出	A 输出		+1	写入
	T_0	AD	CBFFFF		指令寄存器 IR	PC 输出	A 输出		写入	+1
空		AE~AF	FFFFFF			无操作				
未使用	T_0	B0	CBFFFF							
		B1~B3	FFFFFF							
未使用	T_0	B4	CBFFFF							
		B5~B7	FFFFFF							
INT	T_2	B8	FFEF7F	PC 值	堆栈寄存器 ST		A 输出		+1	
	T_1	B9	FEFF3F	中断地址 IA	寄存器 PC			带进位右移	+1	写入
	T_0	BA	CBFFFF		指令寄存器 IR	PC 输出	A 输出		写入	+1
空		BB	FFFFFF			无操作				
CALL MM	T_3	BC	EF7F7F	PC 值	地址寄存器 MAR	PC 输出	A 输出		+1	+1
	T_2	BD	FFEF7F	PC 值	堆栈寄存器 ST	A 输出	A 输出		+1	
	T_1	BE	D6BFFF	存储器值 EM	寄存器 PC	MAR 输出	A 输出		+1	写入
	T_0	BF	CBFFFF		指令寄存器 IR	PC 输出	A 输出		写入	+1

续表 A.2

助记符	状态	微地址	微程序	数据输出	数据打入	地址输出	运算器	移位控制	μPC	PC
IN	T1	C0	FFFF17	用户IN	寄存器A		A输出		+1	+1
	T0	C1	CBFFFF		指令寄存器IR	PC输出	A输出		写入	+1
空		C2~C3				无操作				
OUT	T1	C4	FFDF9F	ALU直通D	用户OUT		A输出		+1	+1
	T0	C5	CBFFFF		指令寄存器IR	PC输出	A输出		写入	+1
空		C6~C7				无操作				
未使用		C8	CBFFFF			无操作				
		C9~CB	FFFFFF							
RET	T1	CC	FEFF5F	堆栈寄存器ST	寄存器PC		A输出	带进位左移	+1	+1
	T0	CD	CBFFFF		指令寄存器IR	PC输出	A输出		写入	+1
空		CE~CF	FFFFFF			无操作				
RR A	T1	D0	FFFCB7	ALU右移	寄存器A标志位C,Z		A输出	右移	+1	+1
	T0	D1	CBFFFF		指令寄存器IR	PC输出	A输出		写入	+1
空		D2~D3	FFFFFF			无操作				
RL A	T1	D4			指令寄存器IR		A输出		写入	+1
	T0	D5	CBFFFF		指令寄存器IR	PC输出	A输出		+1	+1
空		D6~D7				无操作				
RRC A	T1	D8			指令寄存器IR		A输出		写入	+1
	T0	D9	CBFFFF		指令寄存器IR	PC输出	A输出		+1	+1
空		DA~DB				无操作				
RLC A	T1	DC			指令寄存器IR		A输出		写入	+1
	T0	DD	CBFFFF		指令寄存器IR	PC输出	A输出		+1	+1
空		DE~DF	FFFFFF			无操作				

附录 A COP2000 指令集及微指令集

续表 A.2

助记符	状态	微地址	微程序	数据输出	数据打入	地址输出	运算器	移位控制	μPC	PC
NOP	T_0	E0	CBFFFF	取下一条指令，等待 4 个 T 周期					+1	+1
	$T_1\sim E_3$	E1~E3	FFFFFF							
CPL A	T_1	E4	FFFE96	ALU 直通 D	寄存器 A 标志位 C,Z	PC 输出	A 取反		+1	
	T_0	E5	CBFFFF		指令寄存器 IR		A 输出		写入	
空		E6~E7	FFFFFF			无操作				
未使用		E8	CBFFFF			无操作				
		E9~EB	FFFFFF							
RETI	T_1	EC	FCFF5F	堆栈寄存器 ST	寄存器 PC	PC 输出	A 输出	带进位左移	+1	写入
	T_0	ED	CBFFFF		指令寄存器 IR		A 输出		写入	
空		EE~EF	FFFFFF			无操作				
未使用		F0~FF	CBFFFF 或 FFFFFF	与 NOP 结构一致。						

上述指令中，每条指令划分为 4 个机器周期，若指令功能较简单，在低于 4 个微指令周期内无有效信号发出，即表中的 FFFFFF 微指令，代表所有控制信号均发出 1 状态，即模型机无操作。

实验前，应对照教材的相关知识，结合模型机的实例，进行思考与分析。抽取上表中几个典型例子，仔细分析其执行时所需的周期、数据通路，编写出指令对应的微程序，并与上表进行对照。

附录 B 常用元器件

本章介绍 Virtex 芯片组中常用的元器件库，以及器件结构和功能说明，供读者在进行设计时查阅使用。

在进行查阅之前，有必要了解元器件的命名规则，以便从名字中了解器件的功能、数据宽度等信息。

B.1 器件的命名规则

器件的命名一般包含三部分：功能、位数、控制引脚。其中功能一般由功能英文名的两位缩写表示；位数一般为 2、4、8、16 等数值；不同芯片的功能不同，控制引脚数也有所差异。图 B.1 举例说明器件的命名中各部分的含义。

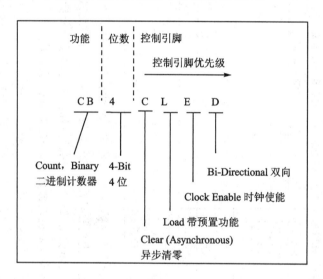

图 B.1 器件的命名举例

根据图 B.1 中的描述，可知器件 CB4CLED 的功能及含义：时钟使能、带异步清零和预置功能的双向 4 位二进制计数器。器件 FD16RE 的含义则为：时钟使能(Clock Enable)、带同步复位(Reset(Synchronous))的 16 位 D 触发器(Flip-Flop，D-type)。

还有输入端带反相门的部分器件，可称之为组合器件，其命名规则与上述规则略有差异，图 B.2 给出了带 2 个反相输入端的三输入与门的命名规则。

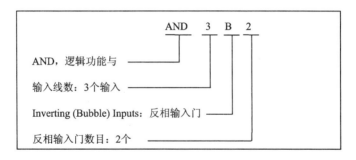

图 B.2　器件 AND3B2 的命名举例

B.2　Virtex 中常用器件总述

Virtex 中器件较多，快速获取常用器件的相关信息，将有效加强设计过程的准确性和时效性。常用的器件包含基本元器件、累加器、全加器、加减法器、寄存器、比较器、译码器、选择器、计数器、锁存器等多种组件。从外形结构、引脚含义、功能和真值表等角度说明器件的外形和功能，将有助于电路设计。

B.3　基本元器件

基本的元器件包含与门、与非门、或门、或非门、异或门、同或门等器件，是构成组合电路的必要器件，也是在电路设计中使用最频繁的元器件。常用基本元器件列表如表 B.1 所示。

表 B.1　常用基本元器件列表

序号	简称	英文全称	含义	所在页
1	AND	AND	与门	P111
2	NAND	NAND	与非门	P112
3	OR	OR	或门	P113
4	NOR	NOR	或非门	P114
5	XOR	XOR	异或门	P115
6	NXOR	NXOR	同或门	P116
7	INV	Inverter	反相门	P116
8	GND	Ground - Connection Signal Tag	接地信号	P117
9	VCC	VCC - Connection Signal Tag	电源信号	P117
10	PULLDOWN	Resistor to GND for Input Pads	下拉电阻	P118
11	PULLUP	Resistor to VCC for Input PADs, Open - Drain, and 3 - State Outputs	上拉电阻	P118
12	CLKDLL	Clock Delay Locked Loop	时钟延迟锁定环	P118
13	CLKDLLHF	High Frequency Clock Delay Locked Loop	高频时钟延迟锁定环	P120

B.3.1 AND

与门是电路设计中较常用的器件,具有"有 0 则 0,全 1 才 1"的特征。根据其输入端的情况,可分为带反相输入端的与门(如 AND3B2)和不带反相输入端的与门(如 AND3)。

Virtex 中,对与门的输入数有 2～9、12、16 共 10 种情况。各种与门的名字及外形结构如表 B.2 所示。为说明其含义,假设输出为 OUT,输入端从左到右,从上到下依次编号为 A～Z。

表 B.2 各类与门详解

序 号	器件号	名 称	外形结构	含 义
1	AND2	两输入与门		OUT=A·B
2	AND2B1	带一个反相门的两输入与门		OUT=A·$\bar{B}$
3	AND2B2	带两个反相门的两输入与门		OUT=$\bar{A}$·$\bar{B}$
4	AND3	三输入与门		OUT=A·B·C
5	AND3B1	带一个反相门的三输入与门		OUT=A·B·$\bar{C}$
6	AND3B2	带两个反相门的三输入与门		OUT=A·$\bar{B}$·$\bar{C}$
7	AND3B3	带三个反相门的三输入与门		OUT=$\bar{A}$·$\bar{B}$·$\bar{C}$
8	AND4	四输入与门		
9	AND4B1	带一个反相门的四输入与门		
10	AND4B2	带两个反相门的四输入与门		
11	AND4B3	带三个反相门的四输入与门		
12	AND4B4	带四个反相门的四输入与门		
13	AND5	五输入与门	与上述内容同理,不再赘述	
14	AND5B1	带一个反相门的五输入与门		
15	AND5B2	带两个反相门的五输入与门		
16	AND5B3	带三个反相门的五输入与门		
17	AND5B4	带四个反相门的五输入与门		
18	AND5B5	带无个反相门的五输入与门		
19	AND6	六输入与门		

续表 B.2

序号	器件号	名 称	外形结构	含 义
20	AND7	七输入与门		
21	AND8	八输入与门		
22	AND9	九输入与门	与上述内容同理，不再赘述	
23	AND12	十二输入与门		
24	AND16	十六输入与门		

B.3.2 NAND

与非门 NAND 是电路设计中较常用的器件，具有"有 0 则 1，全 0 才 0"的特征。根据其输入端的情况，可分为带反相输入端的与非门（如 NAND3B2）和不带反相输入端的与非门（如 NAND3）。

Virtex 中，对与非门的输入数有 2~9、12、16 共 10 种情况。各种与非门的名字及外形结构如表 B.3 所示。为说明其含义，假设输出为 OUT，输入端从左到右，从上到下依次编号为 A~Z。

表 B.3 各类与非门详解

序号	器件号	名 称	外形结构	含 义
1	NAND2	两输入与非门		OUT=$\overline{A \cdot B}$
2	NAND2B1	带一个反相门的两输入与非门		OUT=$\overline{A \cdot \overline{B}}$
3	NAND2B2	带两个反相门的两输入与非门		OUT=$\overline{\overline{A} \cdot \overline{B}}$
4	NAND3	三输入与非门		OUT=$\overline{A \cdot B \cdot C}$
5	NAND3B1	带一个反相门的三输入与非门		OUT=$\overline{A \cdot B \cdot \overline{C}}$
6	NAND3B2	带两个反相门的三输入与非门		OUT=$\overline{A \cdot \overline{B} \cdot \overline{C}}$
7	NAND3B3	带三个反相门的三输入与非门		OUT=$\overline{\overline{A} \cdot \overline{B} \cdot \overline{C}}$
8	NAND4	四输入与非门		
9	NAND4B1	带一个反相门的四输入与非门		
10	NAND4B2	带两个反相门的四输入与非门	与上述内容同理，不再赘述	
11	NAND4B3	带三个反相门的四输入与非门		

续表 B.3

序 号	器件号	名 称	外形结构	含 义
12	NAND4B4	带四个反相门的四输入与非门		
13	NAND5	五输入与非门		
14	NAND5B1	带一个反相门的五输入与非门		
15	NAND5B2	带两个反相门的五输入与非门		
16	NAND5B3	带三个反相门的五输入与非门		与上述内容同理,不再赘述
17	NAND5B4	带四个反相门的五输入与非门		
18	NAND5B5	带无个反相门的五输入与非门		
19	NAND6	六输入与非门		
20	NAND7	七输入与非门		
21	NAND8	八输入与非门		
22	NAND9	九输入与非门		
23	NAND12	十二输入与非门		
24	NAND16	十六输入与非门		

B.3.3 OR

或门 OR 是电路设计中较常用的器件,具有"有 1 则 1,全 0 才 0"的特征。根据其输入端的情况,可分为带反相输入端的或门(如 OR3B2)和不带反相输入端的或门(如 OR3)。

Virtex 中,对或门的输入数有 2~9、12、16 共 10 种情况。各种或门的名字及外形结构如表 B.4 所示。为说明其含义,假设输出为 OUT,输入端从左到右,从上到下依次编号为 A~Z。

表 B.4 各类或门详解

序 号	器件号	名 称	外形结构	含 义
1	OR2	两输入或门		OUT=A+B
2	OR2B1	带一个反相门的两输入或门		OUT=A+$\bar{B}$
3	OR2B2	带两个反相门的两输入或门		OUT=$\bar{A}$+$\bar{B}$
4	OR3	三输入或门		OUT=A+B+C
5	OR3B1	带一个反相门的三输入或门		OUT=A+B+$\bar{C}$
6	OR3B2	带两个反相门的三输入或门		OUT=A+$\bar{B}$+$\bar{C}$

续表 B.4

序 号	器件号	名 称	外形结构	含 义
7	OR3B3	带三个反相门的三输入或门		OUT=$\overline{A}+\overline{B}+\overline{C}$
8	OR4	四输入或门		
9	OR4B1	带一个反相门的四输入或门		
10	OR4B2	带两个反相门的四输入或门		
11	OR4B3	带三个反相门的四输入或门		
12	OR4B4	带四个反相门的四输入或门		
13	OR5	五输入或门		
14	OR5B1	带一个反相门的五输入或门		
15	OR5B2	带两个反相门的五输入或门		
16	OR5B3	带三个反相门的五输入或门	与上述内容同理,不再赘述	
17	OR5B4	带四个反相门的五输入或门		
18	OR5B5	带无个反相门的五输入或门		
19	OR6	六输入或门		
20	OR7	七输入或门		
21	OR8	八输入或门		
22	OR9	九输入或门		
23	OR12	十二输入或门		
24	OR16	十六输入或门		

B.3.4 NOR

或非门 NOR 是电路设计中较常用的器件,具有"有 1 则 0,全 0 才 1"的特征。根据其输入端的情况,可分为带反相输入端的或非门(如 NOR3B2)和不带反相输入端的或非门(如 NOR3)。

Virtex 中,对或非门的输入数有 2～9、12、16 共 10 种情况。各种或非门的名字及外形结构如表 B.5 所示。为说明其含义,假设输出为 OUT,输入端从左到右,从上到下依次编号为 A～Z。

表 B.5 各类或非门详解

序 号	器件号	名 称	外形结构	含 义
1	NOR2	两输入或非门		OUT=$\overline{A+B}$
2	NOR2B1	带一个反相门的两输入或非门		OUT=$\overline{A+\overline{B}}$
3	NOR2B2	带两个反相门的两输入或非门		OUT=$\overline{\overline{A}+\overline{B}}$

续表 B.5

序号	器件号	名称	外形结构	含义
4	NOR3	三输入或非门		OUT=$\overline{A+B+C}$
5	NOR3B1	带一个反相门的三输入或非门		OUT=$\overline{A+B+\bar{C}}$
6	NOR3B2	带两个反相门的三输入或非门		OUT=$\overline{A+\bar{B}+\bar{C}}$
7	NOR3B3	带三个反相门的三输入或非门		OUT=$\overline{\bar{A}+\bar{B}+\bar{C}}$
8	NOR4	四输入或非门		
9	NOR4B1	带一个反相门的四输入或非门		
10	NOR4B2	带两个反相门的四输入或非门		
11	NOR4B3	带三个反相门的四输入或非门		
12	NOR4B4	带四个反相门的四输入或非门		
13	NOR5	五输入或非门		
14	NOR5B1	带一个反相门的五输入或非门		与上述内容同理,不再赘述
15	NOR5B2	带两个反相门的五输入或非门		
16	NOR5B3	带三个反相门的五输入或非门		
17	NOR5B4	带四个反相门的五输入或非门		
18	NOR5B5	带无个反相门的五输入或非门		
19	NOR6	六输入或非门		
20	NOR7	七输入或非门		
21	NOR8	八输入或非门		
22	NOR9	九输入或非门		
23	NOR12	十二输入或非门		
24	NOR16	十六输入或非门		

B.3.5 XOR

异或门 XOR 是电路设计中较常用的器件,其输出只受输入中 1 的个数的影响,具有"输入奇数个 1 输出为 1,输入偶数个 1 输出为 0"的特征。

Virtex 中,对异或门的输入数有 2～9 共 8 种情况。对一个 n 输入的异或门 XORn,设其输入为 $I0$～$In-1$,则输入与输出之间的关系为 $O=I_0\oplus I_1\oplus\cdots\oplus I_{n-1}$。以 2 输入异或门为例,说明其外形结构和真值表如表 B.6 所示。

表 B.6 XOR2 外形及真值表

外形结构	I0	I1	O
XOR2	0	0	0
	0	1	1
	1	0	1
	1	1	0

B.3.6 XNOR

同或门 XNOR,也称为异或非门,是电路设计中较常用的器件,其输出只受输入中 1 的个数的影响,具有"输入奇数个 1 输出为 0,输入偶数个 1 输出为 1"的特征,相当于异或门对应器件输出取反。Virtex 中,对同或门的输入数有 2～9 共 8 种情况。对一个 n 输入的同或门 XNORn,设其输入为 I0～In－1,则输入与输出之间的关系为 $O=\overline{I_0 \oplus I_1 \oplus \cdots \oplus I_{n-1}}=I_0 \odot I_1 \odot \cdots \odot I_{n-1}$。以三输入同或门为例,说明其外形结构和真值表如表 B.7 所示。

表 B.7 XNOR3 外形及真值表

外形结构	I0	I1	I2	O
XNOR3	0	0	0	1
	0	0	1	0
	0	1	0	0
	0	1	1	1
	1	0	0	0
	1	0	1	1
	1	1	0	1
	1	1	1	0

B.3.7 INV、INV4、INV8、INV16

INV(Inverter,反相门,俗称非门)。1 位反相门是电路设计中常用的器件,其逻辑功能是对 I 端输入的数据取反后,从 O 端输出,即 $O=\overline{I}$。1 位的反相门外形结构如图 B.3 所示。

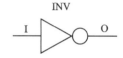

图 B.3 1 位反相门符号图

Virtex 中还包括 INV4、INV8、INV16 三种多输入多输出的反相门,每组的输出均是对应输入的相反数,它们的外形结构如图 B.4 所示。

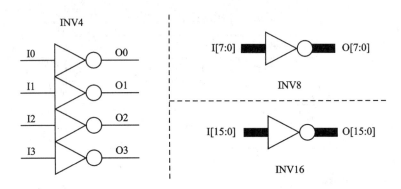

图 B.4　INV4、INV8、INV16 反相门符号图

B.3.8　GND

GND(Ground-Connection Signal Tag),接地信号,或称逻辑 0 信号。电路内部连线时,若某个引脚应接逻辑 0,一般都是采用连接 GND 的方式实现。GND 的符号如图 B.5 所示。

说明:GND 只能连接到其他器件的输入端,严禁连接到输出端!

B.3.9　VCC

VCC(VCC-Connection Signal Tag),电源信号,或称逻辑 1 信号。电路内部连线时,若某个引脚应接逻辑 1,一般都是采用连接 VCC 的方式实现。VCC 的符号如图 B.6 所示。

说明:与 GND 一样,VCC 只能连接到其他器件的输入端,严禁连接到输出端!

B.3.10　PULLDOWN

PULLDOWN (Resistor to GND for Input Pads,输入端接地电阻),下拉电阻。数字电路有三种状态:高电平、低电平和高阻状态。有些应用场合不希望出现高阻状态,可以通过上拉电阻或下拉电阻的方式使其处于稳定状态,下拉电阻用来吸收电流。PULLDOWN 的符号如图 B.7 所示。

图 B.5　GND 的符号图　　图 B.6　VCC 的符号图　　图 B.7　PULLDOWN 的符号图

B.3.11 PULLUP

PULLUP(Resistor to VCC for Input PADs, Open-Drain, and 3-State Outputs,开漏和三态输出的接电源电阻),上拉电阻。上拉电阻用来解决总线驱动能力不足时提供电流,以解决电路不稳定的问题。PULLUP 的符号如图 B.8 所示。

图 B.8　PULLUP 的符号图

B.3.12 CLKDLL

CLKDLL(Clock Delay Locked Loop,时钟延迟锁定环)可实现输入时钟分频和相位移动等操作。在单一时钟脉冲的系统中,采用 CLKDLL 可获得不同频率和相位偏差的时钟脉冲。

CLKDLL 的外形结构、引脚,以及功能说明如表 B.8 所示。

表 B.8　CLKDLL 详解

外形图	引脚	说明
CLKDLL CLKIN CLKFB RST CLK0 CLK90 CLK180 CLK270 CLK2X CLKDV LOCKED	CLKIN	输入时钟端是整个时钟延迟锁定环的信号输入。CLKIN 的频率限定在 25～90MHZ,在连接系统时钟源时,一定要通过时钟缓冲器(IBUFG 或 BUFG)才能连接
	CLKFB	反馈时钟输入(feed back clock input)。片内同步时,需要通过 BUFG 与 CLK0 或 CLK2X 相连;片外同步时,需要通过 IBUFG 与外部时钟相连,不允许与 CLK0 或 CLK2X 相连
	RST	主复位输入信号。RST=1 时,将 CLKDLL 复位到加电的状态。RST 为同步复位信号,需要在 CLKIN 的第二个低到高的状态才能生效
	CLK0	CLKIN 的 1 倍时钟频率
	CLK90	CLKIN 的 1 倍时钟频率,相对 CLKIN 偏差 90 度相位
	CLK180	CLKIN 的 1 倍时钟频率,相对 CLKIN 偏差 180 度相位
	CLK270	CLKIN 的 1 倍时钟频率,相对 CLKIN 偏差 270 度相位
	CLK2X	CLKIN 的 2 倍时钟频率
	CLKDV	分频输出端。仅在硬件编程语言中使用,需要设置属性 CLKDV_DIVIDE=n。设置后将对 CLKIN 进行 n 分频,从 CLKDV 输出
	LOCKED	表示器件被锁定。当 CLKIN 和 CLKFB 同相时,则 LOCKED 输出为高

CLKDLL 的输入时钟波形与输出波形对比如图 B.9 所示,通过对照各引脚的输出,能更直观的了解各引脚的含义。

图 B.9　CLKDLL 输入输出对照图

B.3.13　CLKDLLHF

CLKDLLHF(High Frequency Clock Delay Locked Loop,高频时钟延迟锁定环)可实现输入时钟分频和相位移动等操作。在单一时钟脉冲的系统中,采用 CLK-DLL 可获得不同频率和相位偏差的时钟脉冲。CLKDLLHF 与 CLKDLL 的主要区别是前者支持的频率更高,支持输入时钟的频率为 60~180 MHz,而 CLKDLL 仅支持 25~90 MHz 频率的输入时钟。

CLKDLLHF 中供输出的波形较少,与 CLKDLL 相比,仅有 CLK0(同 CLKIN)、CLK180(频率与 CLKIN 相同,相位差 180 度)和 CLKDV(分频输出端)。引脚的功能在此不再详述,CLKDLLHF 的外形封装如图 B.10 所示。

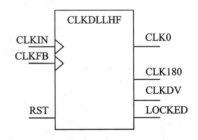

图 B.10　CLKDLLHF 外形封装图

B.4　累加器

累加器(Accumulator,ACC)可完成多位二进制无符号数的相加或相减操作,其数据来源为输入的数据和累加寄存器,运算的结果存放在累加寄存器中。Virtex 中包含 ACC4、ACC8 和 ACC16 三种累加器。

ACC4:可完成 4 位无符号二进制数与累加器寄存器中数据的相加或相减操作,以及 4 位补码运算,运算的结果存放在累加寄存器中。具体的外形结构、功能说明和引脚说明如表 B.9 所示。

附录 B　常用元器件

表 B.9　ACC4 详解

外形图	引脚	说明
ACC4 外形图：引脚包括 CI、B_0、B_1、B_2、B_3、D_0、D_1、D_2、D_3、L、ADD、CE、C、R（输入）；Q_0、Q_1、Q_2、Q_3、CO、OFL（输出）	CI	进位输入端。输入端,1 位
	$B_3 \sim B_0$	运算数据输入端。输入端,4 位
	$D_3 \sim D_0$	预置数据输入端。输入端,4 位
	L	数据装载端。输入端,高电平有效
	ADD	运算端。输入端,ADD=1,表示相加;当 ADD=0 时,表示相减操作
	CE	使能端。输入端,加法运算时,需要 CE=1;在装载数据时,CE 的值不影响相关操作,仅需在 C 上升沿时,L=1 即可
	C	工作脉冲。输入端,上升沿有效
	R	同步复位端。输入端
	$Q_3 \sim Q_0$	累加器输出端。输出端 4 位
	CO	进位输出端。输出端,运算结果进/借位输出
	OFL	溢出标识。输出端
功能说明		数据打入:当 L 为高时,将在 C 的上升沿输入数据 $D_3 \sim D_0$ 加载到内部的 4 位寄存器中。 同步复位:当 R=1,在工作脉冲 C 的上升沿,将累加寄存器清零。 加法:当 ADD=1,且 CE=1 时,完成累加器寄存器(4 位)、4 位输入数据 $B_3 \sim B_0$、进位位 CI 的相加,结果存至累加器。当 C 上升沿时,相加结果在 $Q_3 \sim Q_0$ 引脚输出。 减法:当 ADD=0,且 CE=1 时,完成累加器寄存器(4 位)减去 4 位输入数据 $B_3 \sim B_0$,再减去进位位 CI 的操作,相减的结果存至累加器。当 C 上升沿时,结果在 $Q_3 \sim Q_0$ 引脚输出。 溢出的判断:当运算的数据视为无符号数时,若结果仅取 $Q_3 \sim Q_0$,当 CO=1,可判断为溢出,否则结果不溢出;当运算的数据视为补码时,通过 OFL 是否为 1 来判断结果是否溢出。 特征:输入和输出均可锁存。

ACC4 的真值表如表 B.10 所示。

表 B.10　ACC4 真值表

输入						输出
R	L	CE	ADD	D	C	Q
1	x	x	x	x	↑	0
0	1	x	x	Dn	↑	Dn
0	0	1	1	x	↑	Q+B+CI
0	0	1	0	x	↑	Q−B−CI
0	0	0	x	x	↑	无变化

Q:累加器 Q 当前的内容　　　B:输入数据 B　　　CI:输入的进位位

说明：对 CI 和 CO 的有效电平。在进行加法运算时，两者是高电平有效（此时若 CI=1，表示上次运算有进位）；在进行减法运算时，低电平有效（此时若 CO=0，表示本次运算有借位）。

ACC8、ACC16：结构和操作与 ACC4 类似，所预置和运算数据的宽度分别为 8 和 16 位，其输入端采用总线的形式。具体的外形结构如图 B.11 所示，其引脚与功能在此不再赘述。

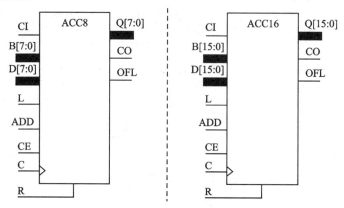

图 B.11　ACC8 与 ACC16 结构图

B.5　全加器

全加器(Full Adders,ADD)可完成多位二进制无符号数或补码数的相加操作，其数据来源为输入的数据 A 和 B，运算的结果通过输出端 S 输出。内部实现为组合电路，当输入的数据发生变化时，S 端的输出立刻改变。Virtex 中包含 ADD4、ADD8 和 ADD16 三种全加器。

ADD4：可完成 2 个 4 位无符号二进制数的相加运算，以及 4 位补码运算。具体的外形结构、功能说明和引脚说明如表 B.11 所示。

表 B.11　ADD4 详解

外形图	引脚	说明
（见左图）	CI	进位输入端。输入端，1 位
	$B_3 \sim B_0$	运算数据 B 输入端。输入端，4 位
	$A_3 \sim A_0$	运算数据 A 输入端。输入端，4 位
	$S_3 \sim S_0$	运算结果输出端。输出端，4 位
	CO	进位输出端。输出端，运算结果向高位进位输出
	OFL	溢出标识。输出端

续表 B.11

外形图	引 脚	说 明
	功能说明	加法:对输入的数据,完成 A 端数据 $A_3 \sim A_0$、B 端数据 $B_3 \sim B_0$、进位位 CI 的全加,结果在 $S_3 \sim S_0$ 引脚输出。可表示为 S=A+B+CI 溢出的判断:当运算的数据视为无符号数时,若结果仅取 $Q_3 \sim Q_0$,当 CO=1,可判断为溢出,否则结果不溢出;当运算的数据视为补码时,通过 OFL 是否为 1 来判断结果是否溢出

ADD8、ADD16:结构和操作与 ADD4 类似,不同之处在于运算数据的宽度分别为 8 位和 16 位,其输入端采用总线的形式。可完成输入数据的全加操作。具体的外形结构如图 B.12 所示,其引脚与功能在此不再赘述。

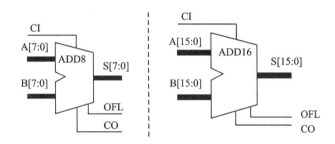

图 B.12 ADD8 与 ADD16 结构图

B.6 加减法器

加/减法器(Adders/Subtracters Unit,ADSU)。加/减法器可完成多位二进制无符号数或补码数的相加或相减操作,其数据来源为输入的数据 A 和 B,运算结果通过输出端 S(A+B+C,或 A-B-C)输出。内部实现为组合电路,当输入的数据发生变化时,S 端的输出立刻改变。Virtex 中包含 ADSU4、ADSU8 和 ADSU16 三种加减法器。

ADSU4:可完成 2 个 4 位无符号二进制数的相加/相减运算,以及 4 位补码加减运算。具体的外形结构、功能说明和引脚说明如表 B.12 所示。

ADSU8、ADSU16:功能与 ADSU4 类似,具体的外形结构如图 B.13 所示,其引脚与功能在此不再赘述。

表 B.12 ADSU4 详解

外形图	引脚	说明
(见左图)	CI	进位输入端。输入端,1 位
	$B_3 \sim B_0$	运算数据 B 输入端。输入端,4 位
	$A_3 \sim A_0$	运算数据 A 输入端。输入端,4 位
	ADD	加减法控制。输入端,1 位。ADD=1/0,相加/减操作
	$S_3 \sim S_0$	运算结果输出端。输出端,4 位
	CO	进位输出端。输出端,运算结果向高位进位输出
	OFL	溢出标识。输出端,高电平有效
功能说明		加法:当 ADD=1 时,对输入的数据,完成 A 端数据 $A_3 \sim A_0$、B 端数据 $B_3 \sim B_0$、进位位 CI 的全加操作(A+B+C),结果在 $S_3 \sim S_0$ 引脚输出。 减法:当 ADD=0 时,对输入的数据,完成 A 端数据 $A_3 \sim A_0$ 减去 B 端数据 $B_3 \sim B_0$,再减去进位位 CI 的操作(A−B−C),结果在 $S_3 \sim S_0$ 引脚输出。 溢出的判断:当运算的数据视为无符号数时,若结果仅取 $Q_3 \sim Q_0$,当 CO=1,可判断为溢出,否则结果不溢出;当运算的数据视为补码时,通过 OFL 是否为 1 来判断结果是否溢出。 CI 和 CO:在进行加法运算(ADD=1)时,两者是高电平有效(此时若 CI=1,表示上次运算有进位);在进行减法运算(ADD=0)时,低电平有效(此时 CO=0,表示本次运算有借位)。

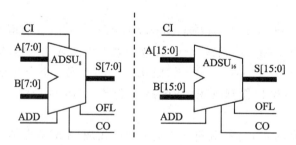

图 B.13 ADSU8 与 ADSU16 结构图

B.7 比较器

身份比较器,也称相等比较器,一般简称为比较器(Identity Comparators,COMP),可完成相同位数据的相等比较,并输出比较的结果。包括 COMP2、COMP4、COMP8 和 COMP16 四种。

COMPM(MagnitudeComparators,大小比较器),可完成2个相同位数据A和B的大小比较,并输出比较的结果,用GT(greater than,A>B)表示大于,LT(less than,A<B)表示小于。

B.7.1 COMPx

COMP2:该比较器支持2位二进制数据的相同比较,待比较的数据通过A($A_1 \sim A_0$)端和B($B_1 \sim B_0$)端输入,若两数相等,则在比较结果输出端EQ输出1;否则输出0。COMP2的外形结构、引脚,以及功能说明如表B.13所示。

表B.13 COMP2详解

外形图	引脚	说明
	$A_1 \sim A_0$	A比较端输入。输入端,2位
	$B_1 \sim B_0$	B比较端输入。输入端,2位
	EQ	比较结果端。为输出端,用于输出比较结果,若EQ=1,表示两数相等;若EQ=0,则表示两数不等
	功能说明	比较:对输入的两组数据,获得明确的比较结果:相等或不相等,以EQ输出为1或0来表示 级联:支持多级级联,级联时,将EQ接到下一级COMP2的A或B端,另外一个以同样的方式相连。剩余端同时接0或1

COMPx的四种器件中,除比较数据宽度有差异外,其功能并无本质区别,在此不一一叙述其详细情况,图B.14中列举了COMP4、COMP8、COMP16的外形结构。

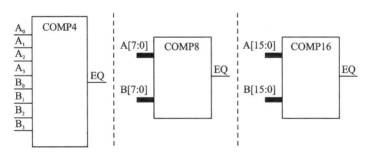

图B.14 COMP4、COMP8与COMP16外形结构图

B.7.2 奇数位数据的比较

利用COMPx比较器,不仅能完成2n个二进制数的比较,在某些特殊情况下,还可以对奇数个数据进行比较。实现时,可采用级联的方式或采用较多位数的比较器,将相同位置0或置1的方法完成比较。例如完成2个3位二进制数的比较,采用级联方式的连线如图B.15所示。

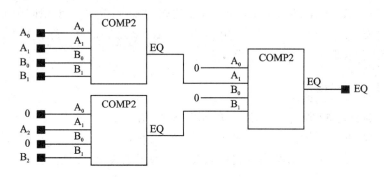

图 B.15 采用级联方式完成 2 个 3 位二进制比较电路图

图 B.15 中,由于器件个数较多,不建议采用。一般用较多位比较器的方式,采用 COMP4 完成 2 个 3 位二进制数比较的连线图如图 B.16 所示。

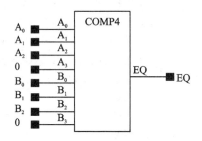

图 B.16 采用 COMP4 完成两个 3 位二进制比较电路图

B.7.3 COMPMx

COMPM2:该比较器支持 2 位二进制数据的大小比较,待比较的数据通过 A($A_1 \sim A_0$)端和 B($B_1 \sim B_0$)端输入,若 A>B,则在比较结果输出端 GT 输出 1,LT 输出 0;若 A<B,则在比较结果输出端 GT 输出 0,LT 输出 1;若 A=B,则在 GT 和 LT 上均输出 0。COMPM2 的外形结构、引脚以及功能说明如表 B.14 所示。

表 B.14 COMPM2 详解

外形图	引脚	说明
COMPM2 A_0 A_1 GT B_0 LT B_1	$A_1 \sim A_0$	A 比较端输入。输入端,2 位
	$B_1 \sim B_0$	B 比较端输入。输入端,2 位
	GT	比较结果端。为输出端,若 A>B,GT 输出 1,否则输出 0
	LT	小于结果端。为输出端,若 A<B,LT 输出 1,否则输出 0
	功能说明	比较:对输入的两组数据,获得明确的大小比较结果,用 GT 和 LT 的组合值表示。 00 表示 A=B;01 表示 A<B;10 表示 A>B;11 不存在

COMPM2 的真值表如表 B.15 所示。

表 B.15　COMPM2 的真值表

输入端				输出端	
A_1	B_1	A_0	B_0	GT	LT
0	0	0	0	0	0
0	0	1	0	1	0
0	0	0	1	0	1
0	0	1	1	0	0
1	1	0	0	0	0
1	1	1	0	1	0
1	1	0	1	0	1
1	1	1	1	0	0
1	0	X	X	1	0
0	1	X	X	0	1

COMPMx 的四种器件中,除比较数据宽度有差异外,其功能并无本质区别,不再详述,图 B.17 中列举了 COMPM4、COMPM8、COMPM16 的外形结构。

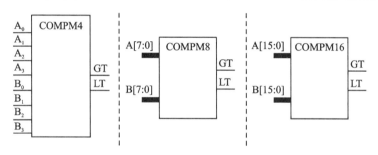

图 B.17　COMPM4、COMPM8 与 COMPM16 外形结构图

B.7.4　COMPMCx

COMPMC(MagnitudeComparators,用 CLB 实现的大小比较器),包括 COMPMC8 和 COMPMC16 两种。其外形结构、引脚、功能与 COMPM8 和 COMPM16 完全一致,只是内部的实现机制有差异。COMPMC8 的真值表如表 B.16 所示。

表 B.16　COMPMC8 真值表

输入端								输出端	
A_7,B_7	A_6,B_6	A_5,B_5	A_4,B_4	A_3,B_3	A_2,B_2	A_1,B_1	A_0,B_0	GT	LT
$A_7>B_7$	X	X	X	X	X	X	X	1	0
$A_7<B_7$	X	X	X	X	X	X	X	0	1
$A_7=B_7$	$A_6>B_6$	X	X	X	X	X	X	1	0
$A_7=B_7$	$A_6<B_6$	X	X	X	X	X	X	0	1

续表 B.16

输入端								输出端	
A_7,B_7	A_6,B_6	A_5,B_5	A_4,B_4	A_3,B_3	A_2,B_2	A_1,B_1	A_0,B_0	GT	LT
$A_7=B_7$	$A_6=B_6$	$A_5>B_5$	X	X	X	X	X	1	0
$A_7=B_7$	$A_6=B_6$	$A_5<B_5$	X	X	X	X	X	0	1
$A_7=B_7$	$A_6=B_6$	$A_5=B_5$	$A_4>B_4$	X	X	X	X	1	0
$A_7=B_7$	$A_6=B_6$	$A_5=B_5$	$A_4<B_4$	X	X	X	X	0	1
$A_7=B_7$	$A_6=B_6$	$A_5=B_5$	$A_4=B_4$	$A_3>B_3$	X	X	X	1	0
$A_7=B_7$	$A_6=B_6$	$A_5=B_5$	$A_4=B_4$	$A_3<B_3$	X	X	X	0	1
$A_7=B_7$	$A_6=B_6$	$A_5=B_5$	$A_4=B_4$	$A_3=B_3$	$A_2>B_2$	X	X	1	0
$A_7=B_7$	$A_6=B_6$	$A_5=B_5$	$A_4=B_4$	$A_3=B_3$	$A_2<B_2$	X	X	0	1
$A_7=B_7$	$A_6=B_6$	$A_5=B_5$	$A_4=B_4$	$A_3=B_3$	$A_2=B_2$	$A_1>B_1$	X	1	0
$A_7=B_7$	$A_6=B_6$	$A_5=B_5$	$A_4=B_4$	$A_3=B_3$	$A_2=B_2$	$A_1<B_1$	X	0	1
$A_7=B_7$	$A_6=B_6$	$A_5=B_5$	$A_4=B_4$	$A_3=B_3$	$A_2=B_2$	$A_1=B_1$	$A_0>B_0$	1	0
$A_7=B_7$	$A_6=B_6$	$A_5=B_5$	$A_4=B_4$	$A_3=B_3$	$A_2=B_2$	$A_1=B_1$	$A_0<B_0$	0	1
$A_7=B_7$	$A_6=B_6$	$A_5=B_5$	$A_4=B_4$	$A_3=B_3$	$A_2=B_2$	$A_1=B_1$	$A_0=B_0$	0	0

在需要用到此类器件时,请参阅随机文档《Virtex-6 Libraries Guide for Schematic Designs》中的相关说明,在此不再赘述。

B.8 译码器

带使能的译码器(Decoder/Demultiplexer with Enable,Dm_2^mE),可完成 m 位二进制数到 2^m 个数的译码工作。包括 D2_4E、D3_8E 和 D4_16E 三种,俗称 2-4 译码器、3-8 译码器和 4-16 译码器,是逻辑电路设计中用途较广的一类器件。

B.8.1 D2_4E

D2_4E 的外形结构、引脚,以及功能说明如表 B.17 所示。

表 B.17 D2_4E 详解

外形图	引脚	说明
D2_4E A_0 — D_0 A_1 — D_1 — D_2 E — D_3	$A_1 \sim A_0$	译码输入端。输入端,2 位。其中 A1 为高位
	$D_3 \sim D_0$	译码输出端。输出端,4 位
	E	使能端。E=1,译码器正常工作;E=0,译码器输出 0000
	功能说明	2-4 译码:使能端有效时,对译码输入端 $A_1 \sim A_0=00 \sim 11$,$D_3 \sim D_0$ 依次为 1,其他值为 0

D2_4E 的真值表如表 B.18 所示。

表 B.18 D2_4E 真值表

输入端			输出端			
A_1	A_0	E	D_3	D_2	D_1	D_0
X	X	0	0	0	0	0
0	0	1	0	0	0	1
0	1	1	0	0	1	0
1	0	1	0	1	0	0
1	1	1	1	0	0	0

B.8.2 D3_8E

D3_8E 的外形结构、引脚,以及功能说明如表 B.19 所示。

表 B.19 D3_48 详解

外形图	引脚	说明
(D3_8E 外形图,输入端 A_0、A_1、A_2、E,输出端 D_0~D_7)	A_2~A_0	译码输入端。输入端,3 位。其中 A2 为高位.
	D_7~D_0	译码输出端。输出端,8 位
	E	使能端。E=1,译码器正常工作;E=0,译码器输出端全为 0
	功能说明	3-8 译码:使能端有效时,对译码输入端 A_2~A_0=000~111,D_7~D_0 依次为 1,其他值为 0

B.8.3 D4_16E

D4_16E 能针对 4 个译码输入端,选中 16 个译码输出端中的一个有效,其功能与前述两个器件类似,在此不再赘述。

B.9 选择器

选择器(Multiplexer)在选择端 S 的控制下,从多个源数据端口 D_0~D_n 中选择一个输出到 O 端。

B.9.1 M2_1

M2_1(2-to-1 Multiplexer,二选一选择器)。M2_1 选择器在选择控制端 S_0 的控制下,从两个源数据端 D_1 和 D_2(均为 1 位二进制数据)选择一个数据从 O 端输出。其外形结构、引脚和功能说明如表 B.20 所示。

表 B.20　M2_1 详解

外形图	引　脚	说　明
（见图）	D_0	数据输入端。输入端，1 位
	D_1	数据输入端。输入端，1 位
	S_0	数据选择端。输入，1 位
	O	数据输出端。输出，1 位
	功能说明	在选择端 S_0 的控制下，O 端输出 D_0 或 D_1 的某一个数据。$S_0=0$，O 端输出 D_0；$S_0=1$，O 端输出 D_1

M2_1 的内部结构如图 B.18 所示。

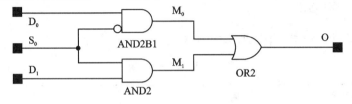

图 B.18　M2_1 内部结构图

M2_1 的真值表如表 B.21 所示。

表 B.21　M2_1 真值表

输入端			输出端
S_0	D_1	D_0	O
1	1	X	1
1	0	X	0
0	X	1	1
0	X	0	0

B.9.2　M2_1B1

M2_1B1（2-to-1 Multiplexer with D0 Inverted，D_0 反相输入的二选一选择器）。M2_1B1 的控制信号与 M2_1 一样，区别在于前者的 D_0 输入前添加了反相门，D_1 没有变化。其外形结构、引脚和功能说明如表 B.22 所示。

表 B.22　M2_1B1 详解

外形图	引　脚	说　明
（见图）	D_0、D_1	数据输入端。输入端，1 位
	S_0	数据选择端。输入，1 位
	O	数据输出端。输出，1 位
	功能说明	在选择端 S_0 的控制下，O 端输出 D_0 或 D_1 的某一个数据。$S_0=0$，O 端输出 $\overline{D_0}$；$S_0=1$，O 端输出 D_1

M2_1B1 的真值表如表 B.23 所示。

表 B.23 M2_1B1 真值表

输入端			输出端
S_0	D_1	D_0	O
1	1	X	1
1	0	X	0
0	X	1	0
0	X	0	1

B.9.3 M2_1B2

M2_1B2（2-to-1 Multiplexer with D_0 and D_1 Inverted，D_0 与 D_1 反相输入的二选一选择器）。M2_1B2 的控制信号与 M2_1 一样，区别在于前者的 D_0 和 D_1 输入前均添加了反相门。其外形结构、引脚和功能说明如表 B.24 所示。

表 B.24 M2_1B2 详解

外形图	引脚	说明
	D_0	数据输入端。输入端，1 位
	D_1	数据输入端。输入端，1 位
	S_0	数据选择端。输入，1 位
	O	数据输出端。输出，1 位。
功能说明	在选择端 S_0 的控制下，O 端输出 D_0 或 D_1 的某一个数据	

M2_1B2 的真值表如表 B.25 所示。

表 B.25 M2_1B2 真值表

输入端			输出端
S_0	D_1	D_0	O
1	1	X	0
1	0	X	1
0	X	1	0
0	X	0	1

B.9.4 M2_1E、M4_1E、M8_1E、M16_1E

Mx_1E（x-to-1 Multiplexer with Enable，带使能端的 x 选一选择器）。包括 M2_1E、M4_1E、M8_1E 和 M16_1E 四种。以 M2_1E 为例进行说明。

M2_1E 在 E=0 时，将忽略 D_0、D_1 和 S_0 的输入，在 O 端恒定输出 0；当 E=1 是，选择器在选择控制端 S_0 的控制下，从两个源数据端 D_1 和 D_2（均为 1 位二进制数据）选择一个数据从 O 端输出。是逻辑电路设计中最为常用的器件之一。M2_1E 的外形结构、引脚和功能说明如表 B.26 所示。

表 B.26 M2_1E 详解

外形图	引脚	说明
	D_0	数据输入端。输入端,1位
	D_1	数据输入端。输入端,1位
	S_0	数据选择端。输入,1位
	E	使能端。
	O	数据输出端。输出,1位
	功能说明	在选择端 S_0 和使能端 E 的控制下,O 端输出 D_0 或 D_1 的某一个数据。 $S_0=0$ 且 $E=1$ 时,O 端输出 D_0; $S_0=1$ 且 $E=1$,O 端输出 D_1; $E=0$ 时,O 端输出 0

M2_1E 的真值表如表 B.27 所示。

表 B.27 M2_1E 真值表

输入端				输出端
E	S_0	D_1	D_0	O
0	X	X	X	0
1	0	X	1	1
1	0	X	0	0
1	1	1	X	1
1	1	0	X	0

其他三种器件的外形图如图 B.19 所示。

图 B.19 中,Sn−1 为最高位,S_0 为最低位。在 M16_1E 中,若 $S_3 \sim S_0=0000$,则 O 端输出 D_0;$S_3 \sim S_0=1111$,O 端输出 D_{15},其他器件和选择情况依此类推。

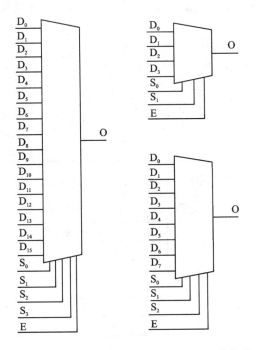

图 B.19 M4_1E、M8_1E 和 M16_1E 外形结构图

B.10 封装用器件

封装用器件包括在顶层电路中与 FPGA 引脚绑定的 IPAD、OPAD,以及与 IPAD 及 OPAD 相连的缓冲器 IBUF、OBUF、IOBUF 等器件,不允许在电路内部使

用,仅作为封装时与 FPAG 引脚的绑定。

B.10.1 IBUF

IBUF(Input Buffer),输入缓冲,宽度为 1 位。电路的输入端在和外部相连时,一定要通过 IBUF 与输入引脚相连,否则在编译时将报错,是电路连线中经常要用到的元器件。IBUF 的符号如图 B.20 所示。

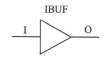

图 B.20　IBUF 的符号图

图 B.20 中,I 表示数据的输入端,一般和 IPAD(输入引脚)相连;O 表示数据的输出端,一般和内部引脚或线相连。

说明:IBUF 只是在电路设计的顶层与外界相连的时候需要,在电路内部禁止使用! 与外界相连时,只能连接到单线,不允许与 BUS(总线)形式的线路直接相连。

B.10.2 IPAD

IPAD(Input PAD),输入垫片,宽度为 1 位。电路的输入端在和外部相连时,一定要通过 IBUF 再经 IPAD 相连,且需要和相应的 FPGA 的引脚进行绑定(过程请参见 9.5.6 小节的相关描述),否则在编译时将报错,是电路连线中经常要用到的元器件。IPAD 的符号如图 B.21 所示。

图 B.21　IPAD 的符号图

实际与电路相连时,IPAD 和 IBUF 都是成对出现,与总线的连接如图 B.22 所示。

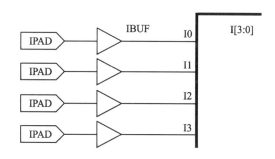

图 B.22　IPAD 与 IBUF 的连接图

B.10.3 IBUFx

IBUFx(Multiple - Input Buffers),多输入缓冲,宽度为 x 位。其原理、作用、连接方式与 IBUF 类似,包括 IBUF4、IBUF8、IBUF16 三种。三种元器件的符号图如图 B.23 所示。

B.10.4 IPADx

IPADx(Multiple-Input PADs),多输入垫片,宽度为 x 位。其原理、作用、连接方式与 IPAD 类似,包括 IPAD4、IPAD8、IPAD16 三种。三种元器件的符号图如图 B.24 所示。

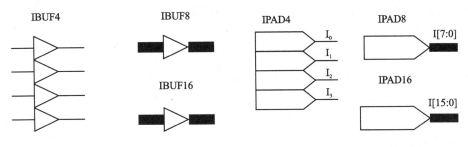

图 B.23　IBUFx 的符号图　　　　　　图 B.24　IPADx 的符号图

B.10.5 IBUFG

IBUFG(Dedicated Input Clock Buffer),输入时钟缓冲,宽度为 1 位。其原理、作用、连接方式与 IBUF 类似,仅连接时钟信号。IBUFG 的符号如图 B.25 所示。

图 B.25　IBUFG 的符号图

说明: IBUF 与 IBUFG 最重要的不同就是 IBUF 连接的是数据输入引脚,IBUFG 连接的是时钟输入引脚。连接时一定不要连错!

B.10.6 OBUF

OBUF(Output Buffer),输出缓冲器,宽度为 1 位。最上层电路的输出端,一定要连接 OBUF,否则在编译时将报错,是电路连线中经常要用到的元器件。OBUF 的符号如图 B.26 所示。

图 B.26 中,左边与内部输出引脚相连,再与 OPAD 相连;也就是说 IBUF 与 IPAD 成对出现,OBUF 与 OPAD 要成对出现。

图 B.26　OBUF 的符号图

B.10.7 OBUFT

OBUFT(3-State Output Buffer with Active Low Output Enable),低电平有效的三态输出缓冲器。由输入端 I(接内部电路)、输出端 O(接上层输出引脚)、控制端 T(为低则允许缓冲器输出,为高则使输出变为高阻状态)。

OBUFT 外形结构如图 B.27 所示。

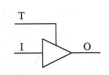

图 B.27　OBUFF 引脚图

OBUFT 对应表 B.28 所示的真值表。

表 B.28　OBUFT 真值表

输入端		输出端
T	I	O
1	X	Z
0	1	1
0	0	0

B.10.8　IOBUF

IOBUF(Bi - Directional Buffer)，单端双向缓冲器。单端指的是器件中的 IO 端，既可以做输入，也可以做输出。

具体连线时 I 端直接连接到上层电路的输入端(此时 I 输入 IO 输出)，或者 O 端连接到上层电路的输出端(此时 IO 输入 O 输出)，IO 端则直接跟电路内部的输入或输出端相连接。

IOBUF 由 IBUF 和 OBUFT 两个基本组件构成，当 I/O 端口为高阻时，其输出端口 O 为不定态。IOBUF 外形结构如图 B.28 所示。

IOBUF 对应表 B.29 所示的真值表。

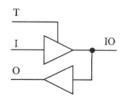

图 B.28　IOBUF 引脚图

表 B.29　IOBUF 真值表

输入端		双　向	输出端
T	I	IO	O
1	X	Z	IO
0	1	1	1
0	0	0	0

在电路设计中，为了明确管脚的输入/输出特性，对输入引脚一般连接输入缓冲 IBUF；对输出引脚，一般连接 OBUF。

B.10.9　OPAD

OPAD(Output PAD)，输入垫片，宽度为 1 位，是电路连线中经常要用到的元器件。电路的输出端在和上层电路相连时，一定要通过 OBUF 再经 OPAD 相连，且需要和相应的 FPGA 引脚进行绑定(过程请参见 9.5.6 小节的相关描述)，否则在编译时将报错。OPAD 的符号如图 B.29 所示。

图 B.29　OPAD 的符号图

实际与电路相连时，OPAD 和 OBUF 都是成对出现，使用时一定要注意，否则在编译或下载时将报错。

B.11 桶形移位器

桶式移位器(Barrel Shifters,BRLSHFTx)是一种组合逻辑电路,具有 n 个数据输入和 n 个数据输出,以及指定如何移动数据的控制信号。对输入的数据,完成指定次数的循环移位。Virtex 中提供了 BRLSHFT4 和 BRLSHFT8 两种器件,分别可实现 4 位和 8 位二进制数据的循环移位。由于其结构上并无本质区别,故仅介绍 BRLSHFT4。

BRLSHFT4:可完成 4 位二进制数的循环左移,移位的次数由 $S_0 \sim S_1$ 指定。BRLSHFT4 的外形结构、引脚,以及功能说明如表 B.30 所示。

表 B.30　BRLSHFT4 详解

外形图	引脚	说明
BRLSHFT4 I_0 O_0 I_1 O_1 I_2 O_2 I_3 O_3 S_0 S_1	$S_0 \sim S_1$	左移次数。输入端,2 位
	$I_0 \sim I_3$	数据输入。输入端,4 位
	$O_0 \sim O_3$	数据输出。输出端,4 位
	功能说明	根据 $S_0 \sim S_1$ 表示的数据 n,将输入数据 $I_0 \sim I_3$ 进行循环左移 n 次的操作,结果在 $O_0 \sim O_3$ 输出。 $S_0 \sim S_2$ 的值表示的操作: 00:输出等于输入的数据; 01:输出等于输入循环左移 1 位后的数据; 10:输出等于输入循环左移 1 位后的数据; 11:输出等于输入循环左移 3 位后的数据

BRLSHFT4 的真值表如表 B.31 所示。

表 B.31　BRLSHFT4 真值表

输入端						输出端				功能说明
S_1	S_0	I_0	I_1	I_2	I_3	O_0	O_1	O_2	O_3	
0	0	a	b	c	d	a	b	c	d	数据保持不变
0	1	a	b	c	d	b	c	d	a	将输入数据循环左移 1 位
1	0	a	b	c	d	c	d	a	b	将输入数据循环左移 2 位
1	1	a	b	c	d	d	a	b	c	将输入数据循环左移 3 位

B.12 计数器

计数器是一种时序电路。主要是对输入脉冲的个数进行计数,以实现测量、计数和控制的功能,同时兼有分频功能。计数器是由基本的计数单元和一些控制门所组成,计数单元则由一系列具有存储信息功能的各类触发器构成,这些触发器有 RS 触发器、T 触发器、D 触发器及 JK 触发器等。

B.12.1 CBxCE

具有使能和异步清零的可级联二进制计数器(Cascadable Binary Counters with Clock Enable andAsynchronous Clear)，包括 CB2CE、CB4CE、CB8CE 和 CB16CE 四种。在此统称为 CBxCE。

B.12.1.1 CB2CE

该计数器在 CLR＝0、CE＝1，且时钟输入端 C 有正脉冲时，以二进制的形式进行增量计数。CB2CE 的外形结构、引脚，以及功能说明如表 B.32 所示。

表 B.32 CB2CE 详解

外形图	引 脚	说 明
（CB2CE 外形图）	CE	时钟使能端。输入端,1 位。为 0 时,封锁 C 的输入
	C	时钟输入端。输入端,1 位。上升沿时,计数器计数
	CLR	异步清零端。为 0 时,计数器清零
	CEO	时钟使能输出。级联时,连接下一级的 CE
	TC	全 1 指示端。当计数器计到全 1 时,TC＝1
	$O_0 \sim O_1$	计数输出。输出端,2 位
功能说明	计数:当时钟使能端 CE 为高,且 CLR＝0 时,在时钟输入端 C 输入正脉冲时,计数器计数,且在 Q 端输出计数值;当 CE＝0 时,计数器暂停计数;当计数器计到 11 时,TC 输出为 1;当 TC 和 CE 均为高时,CEO 输出也为高	
	异步清零:当异步清零端 CLR＝1 时,将忽略其他输入信号的状态,计数器终止计数,使 Q_0、Q_1 输出 0;同时将 CEO 端置 0	
	级联:支持多级级联,详见 B.12.1.3 小节	

B.12.1.2 CB4CE、CB8CE 与 CB16CE

CBxCE 的四种器件中，除输入/输出宽度有差异外，其功能并无本质区别，在此不一一叙述其详细情况，图 B.30 中列举了其余三种器件的外形结构。

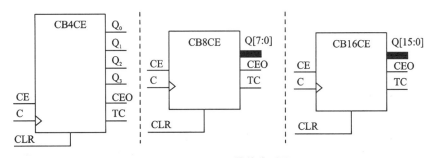

图 B.30 CBxCE 器件外形图

CBxCE 的真值表如表 B.33 所示。

表 B.33 CBxCE 真值表

输入			输出		
CLR	CE	C	Qx - Q0	TC	CEO
1	X	X	0	0	0
0	0	X	保持不变	保持不变	0
0	1	↑	计数	TC	CEO
x = 计数器宽度－1,如 CB4CE 中,x＝3,用 Q3~Q0 表示其输出 TC=Qx·Q(x－1)·Q(x－2)·…·Q0 CEO=TC·CE					

B.12.1.3 器件的级联

级联时,将 CEO 接到下一级的 CE 上,同时将各级电路中的 C、CLR 分别并联。由 CB2CE2 级联(扩展)到 CB2CE4 的连线如图 B.31 所示。

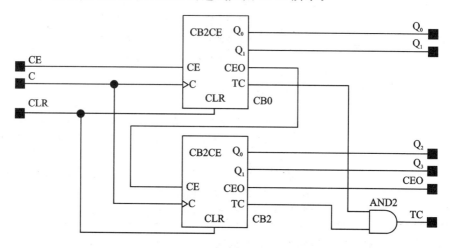

图 B.31 CBxCE 的级联示意图

B.12.2 CBxCLE

可预置且具有使能和异步清零的可级联二进制计数器(Loadable Cascadable Binary Counters with Clock Enable and Asynchronous Clear),在 CBxCE 的基础上增加了预置的功能。包括 CB2CLE、CB4CLE、CB8CLE 和 CB16CLE 四种。为了叙述方便,在此统称为 CBxCLE。

B.12.2.1 CB2CLE

该计数器在 CLR＝0、CE＝1,且时钟输入端 C 有正脉冲时,以二进制的形式进行增量计数。另外该器件具有同步预置的功能。CB2CLE 的外形结构、引脚,以及功能说明如表 B.34 所示。

表 B.34　CB2CLE 详解

外形图	引脚	说明
CB2CLE（D_0、D_1、L、CE、C、CLR、Q_0、Q_1、CEO、TC）	CE	时钟使能端。输入端,1 位。为 0 时,封锁 C 的输入
	C	时钟输入端。输入端,1 位。上升沿时,计数器计数
	CLR	异步清零端。为 0 时,计数器清零
	L	预置功能端。L＝1 时,允许数据预置
	$D_0 \sim D_1$	预置数据端。预置时提供数据输入
	CEO	时钟使能输出。级联时,连接下一级的 CE
	TC	全 1 指示端。当计数器计到全 1 时,TC＝1
	$O_0 \sim O_1$	计数输出。输出端,2 位
功能说明		计数:当时钟使能端 CE 为高,且 CLR＝0 时,在时钟输入端 C 输入正脉冲,计数器计数,且在 Q 端输出计数值;当 CE＝0 时,计数器暂停计数;当计数器计到 11 时,TC 端输出为 1;当 TC 和 CE 均为高时,CEO 输出也为高
		异步清零:当异步清零端 CLR＝1 时,将忽略其他输入信号的状态,计数器终止计数,使 Q_0、Q_1 输出 0;同时将 CEO 端置 0
		数据预置:当 L＝1,CLR＝0 时,在时钟输入端 C 的上升沿时刻,将 D 端数据打入计数器,用作下一次的计数初值
		级联:支持多级级联,级联时,将 CEO 接到下一级的 CE 上,同时将各级电路中的 C、CLR、L 分别并联

B.12.2.2　CB4CLE、CB8CLE 与 CB16CLE

CBxCLE 的四种器件中,除输入/输出宽度有差异外,其功能并无本质区别,在此不一一叙述其详细情况,图 B.32 中列举了其余三种器件的外形结构。

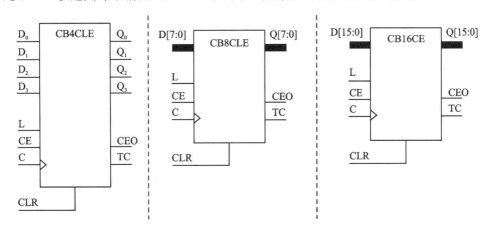

图 B.32　CBxCLE 器件外形图

CBxCLE 的真值表如表 B.35 所示。

表 B.35　CBxCLE 真值表

输入					输出		
CLR	L	CE	C	Dx~D₀	Qx~Q₀	TC	CEO
1	X	X	X	X	0	0	0
0	1	X	↑	Dn	dn	TC	CEO
0	0	0	X	X	保持不变	保持不变	0
0	0	1	↑	X	增量计数	TC	CEO

x = 计数器宽度－1，如 CB4CLE 中，$x=3$，用 $Q_3 \sim Q_0$ 表示其输出
dn 表示在时钟输入端 C 上升沿到来前，Dn 的输入数据。
$TC = Q_x \cdot Q(x-1) \cdot Q(x-2) \cdot \ldots \cdot Q_0$；$CEO = TC \cdot CE$

B.12.2.3　器件的级联

级联时，将 CEO 接到下一级的 CE 上，同时将各级电路中的 C、CLR 分别并联。输入数据 D 分别接到期间的 D 输入端。由 CB2CLE2 级联（扩展）到 CB2CLE4 的连线如图 B.33 所示。

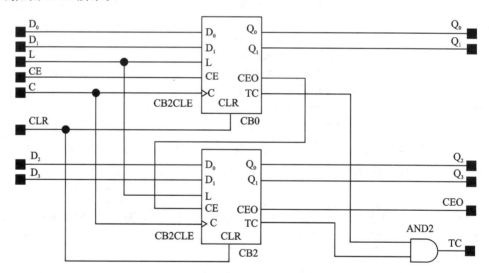

图 B.33　CBxCLE 的级联示意图

B.12.3　CBxCLED

可预置且具有使能和异步清零的可级联双向二进制计数器（Loadable Cascadable Bidirectional Binary Counters with Clock Enable and Asynchronous Clear），在 CBxCLE 的基础上增加了计数方向（增量或减量）的功能。当 UP=1 时，计数器增量（正序）计数，当计数到全 1 状态时，TC 输出 1；当 UP=0 时，计数器减量（逆序）计数，当计数到全 0 状态时，TC 输出 0。

包括 CB2CLED、CB4CLED、CB8CLED 和 CB16CLED 四种。为了叙述方便,在此统称为 CBxCLED。

B.12.3.1　CB2CLED

该计数器在 UP=1、CLR=0、CE=1,且时钟输入端 C 有正脉冲时,以二进制的形式进行增量计数;当 UP=0、CLR=0、CE=1,且时钟输入端 C 有正脉冲时,以二进制的形式进行减量计数。另外该器件具有同步预置的功能。CB2CLED 的外形结构、引脚,以及功能说明如表 B.36 所示。

表 B.36　CB2CLED 详解

外形图	引脚	说明
CB2CLED D_0 Q_0 D_1 Q_1 UP L CE　ECO C　TC CLR	CE	时钟使能端。输入端,1 位。为 0 时,封锁 C 的输入
	C	时钟输入端。输入端,1 位。上升沿时,计数器计数
	CLR	异步清零端。为 0 时,计数器清零
	L	预置功能端。L=1 时,允许数据预置
	$D_0 \sim D_1$	预置数据端。预置时提供数据输入
	CEO	时钟使能输出。级联时,连接下一级的 CE
	TC	计数值满指示端。增量方式下,当计数器计到全 1 时,TC=1;减量方式下,当计数器计到全 0 时,TC=0
	$O_0 \sim O_1$	计数输出。输出端,2 位
	UP	增/减量计数方式控制端
功能 说明		增/减量计数:当时钟使能端 CE 为高,且 CLR=0 时,在时钟输入端 C 输入正脉冲,计数器计数,且在 Q 端输出计数值。当 CE=0 时,计数器暂停计数
		计数的增/减由 UP 端控制,UP=1/0,计数器增/减计数。两种方式下,当计数器计到 11 或 00 时,TC 端分别输出为 1 和 0。这两种情况下,CEO 的值等于 CE 的值
		异步清零:当异步清零端 CLR=1 时,将忽略其他输入信号的状态,计数器终止计数,使 Q_0、Q_1 输出 0;同时将 CEO 端置 0
		数据预置:当 L=1,CLR=0 时,在时钟输入端 C 的上升沿时刻,将 D 端数据打入计数器,用作下一次的计数初值
		级联:支持多级级联,级联时,将 CEO 接到下一级的 CE 上,同时将各级电路中的 C、CLR、UP、L 分别并联

B.12.3.2　CB4CLED、CB8CLED 与 CB16CLED

CBxCLED 的四种器件中,除输入/输出宽度有差异外,其功能并无本质区别,在此不一一叙述其详细情况,图 B.34 中列举了其余三种器件的外形结构。

CBxCLED 的真值表如表 B.37 所示。

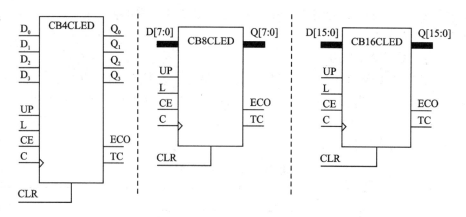

图 B.34　CBxCLED 器件外形图

表 B.37　CBxCLED 真值表

输入						输出		
CLR	L	CE	C	UP	Dx~D₀	Qx~Q₀	TC	CEO
1	X	X	X	X	X	0	0	0
0	1	X	↑	X	Dn	dn	TC	CEO
0	0	0	X	X	X	不变	不变	0
0	0	1	↑	1	X	增量	TC	CEO
0	0	1	↑	0	X	减量	TC	CEO

$x=$ 计数器宽度 -1，如 CB4CLED 中，$x=3$，用 $Q_3 \sim Q_0$ 表示其输出
dn 表示在时钟输入端 C 上升沿到来前，Dn 的输入数据。
$TC = (Q_x \cdot Q_{(x-1)} \cdot Q_{(x-2)} \cdot \ldots \cdot Q_0 \cdot UP) + (\overline{Q_x} \cdot \overline{Q_{(x-1)}} \cdot \overline{Q_{(x-2)}} \cdot \ldots \cdot \overline{Q_0} \cdot \overline{UP})$
$CEO = TC \cdot CE$

B.12.4　CBxRE

具有使能和同步复位的可级联二进制计数器（Cascadable Binary Counters with Clock Enable and Synchronous Reset），包括 CB2RE、CB4RE、CB8RE 和 CB16RE 四种。在此统称为 CBxRE。

说明：在学习和使用过程中读者应理解同步复位和异步清零之间的差异。

B.12.4.1　CB2RE

该计数器在 R=0、CE=1，且时钟输入端 C 有正脉冲时，以二进制的形式进行增量计数。CB2RE 的外形结构、引脚，以及功能说明如表 B.38 所示。

B.12.4.2　CB4RE、CB8RE 与 CB16RE

CBxRE 的四种器件中，除输入/输出宽度有差异外，其功能并无本质区别，在此不一一叙述其详细情况，图 B.35 中列举了其余三种器件的外形结构。

附录 B　常用元器件

表 B.38　CB2RE 详解

外形图	引脚	说明
![CB2RE 外形图]	CE	时钟使能端。输入端,1 位。为 0 时,封锁 C 的输入,计数器暂停
	C	时钟输入端。输入端,1 位。上升沿时,计数器计数
	R	同步复位端。为 0 时,当时钟脉冲 C 上升沿到来时,计数器清零
	CEO	时钟使能输出。级联时,连接下一级的 CE
	TC	全 1 指示端。当计数器计到全 1 时,TC=1
	$O_0 \sim O_1$	计数输出。输出端,2 位
功能说明		计数:当时钟使能端 CE 为高,且 CLR=0 时,在时钟输入端 C 输入正脉冲,计数器计数,且在 Q 端输出计数值;当 CE=0 时,计数器暂停计数;当计数器计到 11 时,TC 端输出为 1;当 TC 和 CE 均为高时,CEO 输出也为高
		同步复位:当同步复位端 R=1 时,将忽略 CE 的状态,当时钟输入端 C 上升沿时,计数器终止计数,使 Q_0、Q_1 输出 0;同时将 CEO 端置 0
		级联:支持多级级联,CEO 连接至下一级的 CE 上,其他输入引脚 C、R 并联至一起

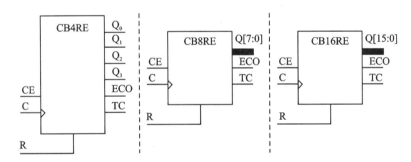

图 B.35　CBxRE 器件外形图

CBxRE 的真值表如表 B.39 所示。

表 B.39　CBxRE 真值表

输入			输出		
R	CE	C	$Qx \sim Q_0$	TC	CEO
1	X	↑	0	0	0
0	0	X	保持不变	保持不变	0
0	1	↑	增量计数	TC	CEO
$x = $ 计数器宽度 -1,如 CB4RE 中,$x=3$,用 $Q_3 \sim Q_0$ 表示其输出 $TC = Qx \cdot Q(x-1) \cdot Q(x-2) \cdot \ldots \cdot Q0)$ $CEO = TC \cdot CE$					

B.12.5 CCxCE

具有使能和异步清零的可级联二进制计数器(Cascadable Binary Counters with Clock Enable and Asynchronous Clear),包括 CC8CE 和 CC16CE 两种。其外形结构、引脚、功能与 CB8CE 及 CB16CE 完全一致,内部的实现机制差别较大,但这并不是设计者所关心的问题。在需要用到此类器件时,请参阅随机文档《Virtex-6 Libraries Guide for Schematic Designs》中的相关说明,在此不再赘述。

B.12.6 CCxCLE

可预置且具有使能和异步清零的可级联二进制计数器(Loadable Cascadable Binary Counters with Clock Enable and Asynchronous Clear),在 CCxCE 的基础上增加了预置的功能。包括 CC8CLE 和 CC16CLE 两种。其外形结构、引脚、功能与 CB8CLE 及 CB16CLE 完全一致,内部的实现机制差别较大,但这并不是设计者所关心的问题。在需要用到此类器件时,请参阅随机文档《Virtex-6 Libraries Guide for Schematic Designs》中的相关说明,在此不再赘述。

B.12.7 CCxCLED

可预置且具有使能和异步清零的可级联双向二进制计数器(Loadable Cascadable Bidirectional Binary Counters with Clock Enable and Asynchronous Clear),在 CCxCLE 的基础上增加了计数方向(增量或减量)的功能。当 UP=1 时,计数器增量(正序)计数,当计数到全 1 状态时,TC 输出 1;当 UP=0 时,计数器减量(逆序)计数,当计数到全 0 状态时,TC 输出 0。

包括 CC8CLED 和 CC16CLED 两种。其外形结构、引脚、功能与 CB8CLED 及 CB16CLED 完全一致,内部的实现机制差别较大,但这并不是设计者所关心的问题。在需要用到此类器件时,请参阅随机文档《Virtex-6 Libraries Guide for Schematic Designs》中的相关说明,在此不再赘述。

B.12.8 CCxRE

具有使能和同步复位的可级联二进制计数器(Cascadable Binary Counters with Clock Enable and Synchronous Reset),包括 CC8RE 和 CC16RE 两种。其外形结构、引脚、功能与 CB8RE 及 CB16RE 完全一致,内部的实现机制差别较大,但这并不是设计者所关心的问题。在需要用到此类器件时,请参阅随机文档《Virtex-6 Libraries Guide for Schematic Designs》中的相关说明,在此不再赘述。

B.12.9 CD4CE

具有使能和异步清零的可级联 BCD 计数器(Cascadable BCD Counter with

Clock Enable and Asynchronous Clear)。该计数器在 CLR＝0、CE＝1,且时钟输入端 C 有正脉冲时,以 BCD 码(0000～1111)的形式进行增量计数。相对四位二进制计数器,BCD 码计数器的有效状态为 10 个,其状态图如图 B.36 所示。

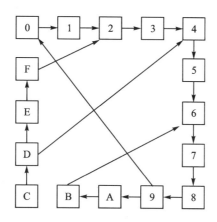

图 B.36　CD4CE 状态图

CD4CE 的外形结构、引脚,以及功能说明如表 B.40 所示。

表 B.40　CD4CE 详解

外形图	引　脚	说　明
CD4CE 外形图（引脚：Q_0、Q_1、Q_2、Q_3、ECO、TC、CE、C、CLR）	CE	时钟使能端。输入端,1 位。为 0 时,封锁 C 的输入
	C	时钟输入端。输入端,1 位。上升沿时,计数器按照 BCD 码进行计数
	CLR	异步清零端。为 0 时,计数器清零
	CEO	时钟使能输出。级联时,连接下一级的 CE
	TC	计满指示端。当计数器计到 1001 时,TC＝1
	O_3～O_0	计数输出。输出端,4 位,最大值为 1001,计满回 0
功能说明	计数:当时钟使能端 CE 为高,且 CLR＝0 时,在时钟输入端 C 输入正脉冲,计数器计数,且在 Q 端输出计数值;当 CE＝0 时,计数器暂停计数;当计数器计到 1001 时,TC 端输出为 1;当 TC 和 CE 均为高时,CEO 输出也为高	
	异步清零:当异步清零端 CLR＝1 时,将忽略其他输入信号的状态,计数器终止计数,使 Q_3～Q_0 输出 0000;同时将 CEO 端置 0	
	级联:支持多级级联,级联时,将 CEO 接到下一级的 CE 上,同时将各级电路中的 C、CLR 分别并联	

CD4CE 的真值表如表 B.41 所示。

表 B.41 CD4CE 真值表

输入端			输出端					
CLR	CE	C	Q_3	Q_2	Q_1	Q_0	TC	CEO
1	X	X	0	0	0	0	0	0
0	1	↑	增量计数				TC	CEO
0	0	X	保持不变				TC	0
0	1	X	1	0	0	1	1	1
$TC = Q_3 \cdot \overline{Q_2} \cdot \overline{Q_1} \cdot Q_0$			$CEO = TC \cdot CE$					

B.12.10 CD4CLE

可预置且具有使能和异步清零的可级联 BCD 码计数器(Loadable Cascadable BCD Counter with Clock Enable and Asynchronous Clear)是电路设计中常用的元器件。该计数器在 CLR＝0、CE＝1,且时钟输入端 C 有正脉冲时,以 BCD 码(0000～1111)的形式进行增量计数。计数器的状态图与 CD4CE 一致,可参考图 B.36 的内容。

该计数器具有同步预置的功能。当 CLR＝0,且 L 端为 1 时,在 $D_0 \sim D_3$ 端准备输入数据,在时钟脉冲 C 的下一个上升沿,$D_0 \sim D_3$ 的数据输入计数器。当启动计数器后,计数器将按照新的初值继续计数。

在进行级联时,将 CEO 连接到下级 CD4CLE 的时钟使能端 CE,其他并联连接,可构成多位的 BCD 码计数器。其外形结构、引脚,以及功能说明如表 B.42 所示。

表 B.42 CD4CLE 详解

外形图	引脚	说明
CD4CLE 图	CE	时钟使能端。输入端,1 位。为 0 时,封锁 C 的输入
	C	时钟输入端。输入端,1 位。上升沿时,计数器按照 BCD 码进行计数
	CLR	异步清零端。为 0 时,计数器清零
	CEO	时钟使能输出。级联时,连接下一级的 CE
	TC	计满指示端。当计数器计到 1001 时,TC＝1
	O3～O0	计数输出。输出端,4 位,最大值为 1001,计满回 0
	L	预置功能端。L=1 时,允许数据预置
功能说明		计数:与 CD4CE 一致 异步清零:当异步清零端 CLR=1 时,将忽略其他输入信号的状态,计数器终止计数,使 Q_0、Q_1 输出 0;同时将 CEO 端置 0 数据预置:当 L=1,CLR=0 时,在时钟输入端 C 的上升沿时刻,将 D 端数据打入计数器,用作下一次的计数初值 级联:支持多级级联,级联方法与 CD4CE 一致

CD4CLE 的真值表如表 B.43 所示。

表 B.43　CD4CLE 真值表

输入端					输出端					
CLR	L	CE	$D_3 \sim D_0$	C	Q_3	Q_2	Q_1	Q_0	TC	CEO
1	X	X	X	X	0	0	0	0	0	0
0	1	X	$D_3 \sim D_0$	↑	d_3	d_2	d_1	d_0	TC	CEO
0	0	1	X	↑	增量计数				TC	CEO
0	0	0	X	X	保持不变				TC	0

d_n 表示在时钟输入端 C 上升沿到来前,D_n 的输入数据;
$TC = Q_3 \cdot \overline{Q_2} \cdot \overline{Q_1} \cdot Q_0$; $CEO = TC \cdot CE$。

B.12.11　CD4RE

具有使能和同步复位的可级联 BCD 码计数器(Cascadable BCD Counter with Clock Enable and Synchronous Reset)是电路设计中常用的元器件。

该计数器在 R=0、CE=1,且时钟输入端 C 有正脉冲时,以 BCD 码的形式进行增量计数;在 R=1 时,当时钟输入端 C 有正脉冲时,计数器清零。

在进行级联时,将 CEO 连接到下级 CD4RE 的时钟使能端 CE,其他并联连接,可构成多位的 BCD 码计数器。

CD4RE 的外形结构、引脚,以及功能说明如表 B.44 所示。

表 B.44　CD4RE 详解

外形图	引脚	说明
CD4RE 外形图:引脚 Q_0、Q_1、Q_2、Q_3、ECO、TC、CE、C、CLR	CE	时钟使能端。输入端,1 位。为 0 时,封锁 C 的输入,计数器暂停
	C	时钟输入端。输入端,1 位。上升沿时,计数器按照 BCD 码进行计数
	R	同步复位端。为 0 时,当时钟脉冲 C 上升沿到来,则计数器清零
	CEO	时钟使能输出。级联时,连接下一级的 CE
	TC	计数满指示端。当计数器计到 1001 时,TC=1
	$O_0 \sim O_3$	计数输出。输出端,4 位,计数最大值为 1001,计满回 0
	功能说明	计数:与 CD4CE 一致 同步复位:当同步复位端 R=1 时,将忽略 CE 的状态,当时钟输入端 C 上升沿时,计数器终止计数,使 Q_0、Q_1 输出 0;同时将 CEO 端置 0 级联:支持多级级联,方法同 CD4CE

CD4RE 的真值表如表 B.45 所示。

表 B.45　CD4RE 真值表

输入端			输出端					
R	CE	C	Q_3	Q_2	Q_1	Q_0	TC	CEO
1	X	↑	0	0	0	0	0	0
0	1	↑	增量计数				TC	CEO
0	0	X	保持不变				TC	0
0	1	X	1	0	0	1	1	1

$TC = Q_3 \cdot \overline{Q_2} \cdot \overline{Q_1} \cdot Q_0$
$CEO = TC \cdot CE$

B.12.12　CD4RLE

可预置具有使能和同步复位的可级联 BCD 码计数器（Loadable Cascadable BCD Counter with Clock Enable and Synchronous Reset）是电路设计中常用的元器件。在 CD4RE 的基础上增加了同步预置的功能。详细信息如表 B.46 所示。

表 B.46　CD4RLE 详解

外形图	引脚	说明
（CD4RLE 外形图：输入 D_0, D_1, D_2, D_3, L, CE, C, R；输出 Q_0, Q_1, Q_2, Q_3, ECO, TC）	CE	时钟使能端。输入端,1位。为 0 时,计数器暂停
	C	时钟输入端。输入端,1位。计数的脉冲源。
	R	同步复位端。为 0 时,当时钟脉冲 C 上升沿到来,则计数器清零
	CEO	时钟使能输出。级联时,连接下一级的 CE
	TC	计数满指示端。当计数器计到 1001 时,TC=1
	$O_0 \sim O_3$	计数输出。输出端,4 位,计数最大值为 1001,计满回 0
	$D_0 \sim D_3$	预置数据端。预置时提供数据输入
	L	预置功能端。L=1 时,允许数据预置
功能说明	计数：与 CD4CE 一致 同步复位：当同步复位端 R=1 时,将忽略 CE 的状态,当时钟输入端 C 上升沿时,计数器终止计数,使 Q_0、Q_1 输出 0;同时将 CEO 端置 0 数据预置：当 L=1, R=0 时,在时钟输入端 C 的上升沿时刻,将 D 端数据打入计数器,用作下一次的计数初值 级联：支持多级联。与 CD4CE 类似	

CD4RLE 的真值表如表 B.47 所示。

表 B.47 CD4RLE 真值表

输入端					输出端					
R	L	CE	$D_3 \sim D_0$	C	Q_3	Q_2	Q_1	Q_0	TC	CEO
1	X	X	X	↑	0	0	0	0	0	0
0	1	X	$D_3 \sim D_0$	↑	d_3	d_2	d_1	d_0	TC	CEO
0	0	1	X	↑	增量计数				TC	CEO
0	0	0	X	X	保持不变				TC	0
0	0	1	X	X	1	0	0	1	1	1

dn 表示在时钟输入端 C 上升沿到来前，Dn 的输入数据；
$TC = Q_3 \cdot \overline{Q_2} \cdot \overline{Q_1} \cdot Q_0$；$CEO = TC \cdot CE$。

B.12.13 CJxCE

CJxCE(Johnson Counters with Clock Enable and Asynchronous Clear)是具有时钟使能和异步清零的约翰逊计数器，也称为具有使能和异步清零的扭环计数器。

该计数器在 CLR=0、CE=1，且时钟输入端 C 有正脉冲时，以扭环的形式进行计数。扭环形式指的是计数器的次态为当前状态的最高位取反后循环左移后得到的结果，对 n 位的扭环计数器，其计数状态共有 2n 个。

表 B.48 列举了 4 位扭环计数器的状态表，从表中可以看出，对 4 位的计数器，可产生 8 种状态。

表 B.48 4 位扭环计数器状态表

现态				次态			
Q_3	Q_2	Q_1	Q_0	Q_3^{n+1}	Q_2^{n+1}	Q_1^{n+1}	Q_0^{n+1}
0	0	0	0	0	0	0	1
0	0	0	1	0	0	1	1
0	0	1	1	0	1	1	1
0	1	1	1	1	1	1	1
1	1	1	1	1	1	1	0
1	1	1	0	1	1	0	0
1	1	0	0	1	0	0	0
1	0	0	0	0	0	0	0

B.12.13.1 CJ4CE

该计数器为 4 位计数器，其外形结构、引脚，以及功能说明如表 B.49 所示。

表 B.49　CJ4CE 详解

外形图	引脚	说明
CJ4CE 外形图（引脚：CE、C、CLR；输出 Q_0、Q_1、Q_2、Q_3）	CE	时钟使能端。输入端,1 位。为 0 时,封锁时钟输入端,计数器暂停
	C	时钟输入端。输入端,1 位。上升沿时,计数器按照扭环进行计数
	$O_0 \sim O_3$	计数输出。输出端,4 位。其计数状态共 8 个
	CLR	异步清零端：CLR＝1 时,无论其他输入的内容如何,都将置计数器为 0000
功能说明	计数：当时钟使能端 CE 为高,且 CLR＝0 时,在时钟输入端 C 输入正脉冲,计数器按扭环计数,且在 Q 端输出计数值；当 CE＝0 时,计数器暂停计数 异步清零：当异步清零端 CLR＝1 时,将忽略其他输入信号的状态,计数器终止计数,使 $Q_0 \sim Q_3$ 输出 0。 级联：不支持级联。	

CJ4CE 的真值表如表 B.50 所示。

表 B.50　CJ4CE 真值表

输入端			输出端			
CLR	CE	C	Q_0	Q_1	Q_2	Q_3
1	X	X	0	0	0	0
0	0	X	保持不变			
0	1	↑	$\overline{q_3}$	q_0	q_1	q_2
q 为 Q 的前态						

B.12.13.2　CJ5CE 与 CJ8CE

CJxCE 的三种器件中,除计数宽度有差异外,其功能并无本质区别,在此不一一叙述其详细情况,图 B.37 中列举了其余 CJ5CE 和 CJ8CE 的外形结构。

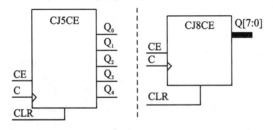

图 B.37　CJ5CE 与 CJ8CE 器件图

表 B.51 和表 B.52 分别列举了 CJ5CE 和 CJ8CE 的真值表。

表 B.51 CJ5CE 真值表

输入端			输出端				
CLR	CE	C	Q_0	Q_1	Q_2	Q_3	Q_4
1	X	X	0	0	0	0	0
0	0	X	保持不变				
0	1	↑	$\overline{q_4}$	q_0	q_1	q_2	q_3

表 B.52 CJ8CE 真值表

输入端			输出端	
CLR	CE	C	Q_0	$Q_1 \sim Q_7$
1	X	X	0	0
0	0	X	保持不变	
0	1	↑	$\overline{q_7}$	$q_0 \sim q_6$

B.12.14 CJxRE

CJxRE(Johnson Counters with Clock Enable and SynchronousReset)是具有时钟使能和同步清零的扭环计数器。

B.12.14.1 CJ4RE

该计数器为 4 位计数器,CJ4RE 的外形结构、引脚以及功能说明如表 B.53 所示。

表 B.53 CJ4RE 详解

外形图	引脚	说 明
CJ4RE（CE、C、R输入，Q_0、Q_1、Q_2、Q_3输出）	CE	时钟使能端。输入端,1 位。为 0 时,封锁时钟输入端,计数器暂停
	C	时钟输入端。输入端,1 位。上升沿时,计数器按照扭环进行计数
	$O_0 \sim O_3$	计数输出。输出端,4 位。其计数状态共 8 个
	R	同步清零端: R=1 时,在 C 的上升沿置计数器为 0000
功能说明		计数:当时钟使能端 CE 为高,且 CLR=0 时,在时钟输入端 C 输入正脉冲,计数器按扭环计数,且在 Q 端输出计数值;当 CE=0 时,计数器暂停计数
		同步清零:当 R=1 时,在 C 的上升沿,计数器终止计数,使 $Q_0 \sim Q_3$ 输出 0

CJ4RE 的真值表如表 B.54 所示。

表 B.54 CJ4RE 真值表

输入端			输出端			
CLR	CE	↑	Q_0	Q_1	Q_2	Q_3
1	X	X	0	0	0	0
0	0	X	保持不变			
0	1	↑	$\overline{q_3}$	q_0	q_1	q_2
q 为 Q 的前态						

B.12.14.2 CJ5RE 与 CJ8RE

CJxRE 的三种器件中,除计数宽度有差异外,其功能并无本质区别,在此不一一叙述其详细情况,图 B.38 中列举了 CJ5RE 和 CJ8RE 的外形结构。

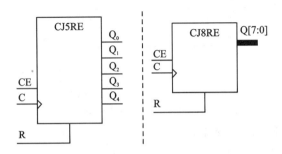

图 B.38 CJ5RE 与 CJ8RE 器件图

表 B.55 和表 B.56 分别列举了 CJ5RE 和 CJ8RE 的真值表。

表 B.55 CJ5RE 真值表

输入端			输出端				
CLR	CE	C	Q_0	Q_1	Q_2	Q_3	Q_4
1	X	↑	0	0	0	0	0
0	0	X	保持不变				
0	1	↑	$\overline{q_4}$	q_0	q_1	q_2	q_3

表 B.56 CJ8RE 真值表

输入端			输出端	
CLR	CE	C	Q_0	$Q_1 \sim Q_7$
1	X	↑	0	0
0	0	X	保持不变	
0	1	↑	$\overline{q_7}$	$q_0 \sim q_6$

B.12.15 CR8CE 与 CR16CE

具有使能和异步清零及下降沿触发的二进制脉冲计数器(Negative-Edge Binary Ripple Counters with Clock Enable and Asynchronous Clear)，包括 CR8CE 和 CR16CE 两种。

该计数器具有异步清零功能：在 CLR=1 时，忽略其他输入端的内容，将计数器清零。在 CLR=0、CE=1，且时钟输入端 C 有负脉冲时，以二进制的形式进行增量计数。若 CE=0，则计数器暂停当前计数，待 CE 再次回到逻辑 1，且 C 端下降沿到来时，计数器恢复计数。CR8CE 与 CR16CE 除了在计数的范围上存在差异外，其控制端、计数方式和功能上无本质区别。CR8CE 与 CR16CE 的外形结构、引脚，以及功能说明，详细情况如表 B.57 所示。

表 B.57 CR8CE 与 CR16CE 详解

外形图	引脚	说明
CR8CE: CE, C, CLR, Q[7:0] CR16CE: CE, C, CLR, Q[15:0]	CE	时钟使能端。输入端，1 位。为 0 时，封锁 C 的输入
	C	时钟输入端。输入端，1 位。下降沿时，计数器计数
	CLR	异步清零端。为 0 时，计数器清零
	$O_0 \sim O_7$	CR8CE 计数输出。输出端，8 位
	$O_0 \sim O_{15}$	CR16CE 计数输出。输出端，16 位
	功能说明	计数：当时钟使能端 CE 为高，且 CLR=0 时，在时钟输入端 C 输入负脉冲，计数器计数，且在 Q 端输出计数值；当 CE=0 时，计数器暂停计数；当计数器计到全 1 时，在下一个脉冲到来后，恢复到全 0 状态，循环计数 异步清零：当异步清零端 CLR=1 时，将忽略其他输入信号的状态，计数器终止计数，使计数器输出 0

CC8CE 和 CC16CE 的真值表如表 B.58 所示。

表 B.58 CC8CE 与 CC16CE 真值表

输入端			输出端
CLR	CE	C	$Q_x \sim Q_0$
1	X	X	0
0	0	X	保持不变
0	1	↓	计数

x=计数器宽度−1，如 CC8CE 中，x=7，用 $Q_7 \sim Q_0$ 表示其输出；CC16CE 中，x=15，用 $Q_{15} \sim Q_0$ 表示其输出

B.13 触发器

触发器具有数据的存储功能,是构成时序电路的最基本器件,也是电路设计中非常重要的组件。依据构成原理,可分为 D 触发器、JK 触发器和 T 触发器三种,添加不同的控制信号后,可划分成更多的种类。

B.13.1 FD

FD(D Flip-Flop,D 触发器)是时序电路设计中用途广泛的一种触发器。FD 是 1 位的 D 触发器,包含一个数据输入端 D 和数据输出端 Q,在时钟输入端 C 的上升沿将 D 端的内容打入寄存器,其次态方程为 $Q_D^{n+1}=D$。其外形结构如图 B.39 所示。

FD 的真值表如表 B.59 所示。

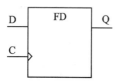

图 B.39 FD 外形结构图

表 B.59 FD 真值表

输入端		输出端
D	C	Q
0	↑	0
1	↑	1

B.13.2 FD_1

FD_1(D Flip-Flop with Negative-Edge Clock,负边沿时钟 D 触发器)是时序电路设计中用途广泛的一种触发器。FD_1 与 FD 的区别仅是数据打入时对时钟的要求的差异。FD 要求在上升沿打入;而 FD_1 则要求在下降沿打入。FD_1 的外形结构如图 B.40 所示。

FD_1 的真值表如表 B.60 所示。

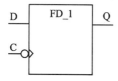

图 B.40 FD_1 外形结构图

表 B.60 FD_1 真值表

输入端		输出端
D	C	Q
0	↓	0
1	↓	1

B.13.3 FDC

FDC(D Flip-Flop with Asynchronous Clear,带异步清零 D 触发器)是时序电路设计中用途广泛的一种触发器。FDC 相对 FD 而言,增加了一个异步清零端,其他结构和功能则完全一致。FDC 外形结构如图 B.41 所示。

FDC 的真值表如表 B.61 所示。

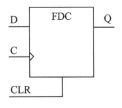

图 B.41　FDC 外形结构图

表 B.61　FDC 真值表

输入端			输出端
CLR	D	C	Q
1	X	X	0
0	1	↑	1
0	0	↑	0

B.13.4　FDC_1

FDC_1(D Flip-Flop with Negative-Edge Clock and Asynchronous Clear, 带异步清零的负边沿时钟 D 触发器)是时序电路设计中用途广泛的一种触发器。FDC_1 相对 FDC 而言，其触发时钟改为下降沿触发，其他结构和功能则完全一致。FDC 外形结构如图 B.42 所示。

FDC_1 的真值表如表 B.62 所示。

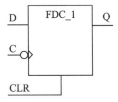

图 B.42　FDC_1 外形结构图

表 B.62　FDC_1 真值表

输入端			输出端
CLR	D	C	Q
1	X	X	0
0	1	↓	1
0	0	↓	0

B.13.5　FDCE

FDCE(D Flip-Flop with Clock Enable and Asynchronous Clear, 带异步清零和使能端的 D 触发器)是时序电路中用途广泛的一种触发器。FDCE 相对 FDC 而言，增加了一个时钟使能端，当时钟使能端 CE=1 时，允许数据打入；否则屏蔽数据的打入，其他结构和功能则完全一致。当具有异步清零功能时，只要 CLR=1，无论其他输入如何，寄存器的内容都将清零。其外形结构如图 B.43 所示。

FDCE 的真值表如表 B.63 所示。

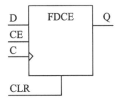

图 B.43　FDCE 外形结构图

表 B.63　FDCE 真值表

输入端				输出端
CLR	CE	D	C	Q
1	X	X	X	0
0	0	X	X	保持不变
0	1	1	↑	1
0	1	0	↑	0

B.13.6 FDCE_1

FDCE_1(D Flip-Flop with Negative-Edge Clock,Clock Enable, and Asynchronous Clear,带异步清零和使能端的负边沿时钟 D 触发器)是时序电路设计中用途广泛的一种触发器。FDCE_1 相对 FDCE 而言,其触发时钟改为下降沿触发,其他结构和功能则完全一致。FDCE 外形结构如图 B.44 所示。

FDCE_1 的真值表如表 B.64 所示。

表 B.64 FDCE_1 真值表

输入端				输出端
CLR	CE	D	C	Q
1	X	X	X	0
0	0	X	X	保持不变
0	1	1	↓	1
0	1	0	↓	0

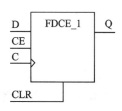

图 B.44 FDCE_1 外形结构图

B.13.7 FDE

FDE(D Flip-Flop with Clock Enable,带使能的 D 触发器)是时序电路设计中用途广泛的一种触发器。FDE 相对 FD 而言,增加了一个时钟使能端,其他结构和功能则完全一致。仅当使能端有效时,输入端 D 的数据才能打入寄存器。FDE 外形结构如图 B.45 所示。

FDE 的真值表如表 B.65 所示。

表 B.65 FDE 真值表

输入端			输出端
CE	D	C	Q
0	X	X	保持不变
1	0	↑	0
1	1	↑	1

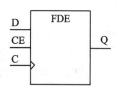

图 B.45 FDE 外形结构图

B.13.8 FDE_1

FDE_1(D Flip-Flop with Negative-Edge Clock and Clock Enable,带使能的负边沿时钟 D 触发器)是时序电路设计中用途广泛的一种触发器。FDE_1 相对 FDE 而言,其触发时钟改为下降沿触发,其他结构和功能则完全一致。FDE_1 外形结构如图 B.46 所示。

FDE_1 的真值表如表 B.66 所示。

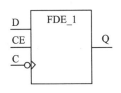

图 B.46 FDE_1 外形结构图

表 B.66 FDE_1 真值表

输入端			输出端
CE	D	C	Q
0	X	X	保持不变
1	0	↓	0
1	1	↓	1

B.13.9 FDP

FDP(D Flip-Flop with Asynchronous Preset,带异步置 1 功能的 D 触发器)是时序电路设计中用途广泛的一种触发器。FDP 相对 FD 而言,增加了一个异步置 1 端,其他结构和功能则完全一致。FDP 外形结构如图 B.47 所示。

FDP 的真值表如表 B.67 所示。

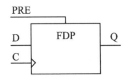

图 B.47 FDP 外形结构图

表 B.67 FDP 真值表

输入端			输出端
PRE	D	C	Q
1	X	X	1
0	1	↑	1
0	0	↑	0

B.13.10 FDP_1

FDP_1(D Flip-Flop with Negative-Edge Clock and Asynchronous Preset,带异步置 1 功能的负边沿时钟 D 触发器)是时序电路设计中用途广泛的一种触发器。FDP_1 相对 FD_1 而言,其触发时钟改为下降沿触发,其他结构和功能则完全一致。FDP_1 外形结构如图 B.48 所示。

FDP_1 的真值表如表 B.68 所示。

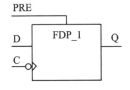

图 B.48 FDP_1 外形结构图

表 B.68 FDP_1 真值表

输入端			输出端
PRE	D	C	Q
1	X	X	1
0	1	↓	1
0	0	↓	0

B.13.11 FDPE

FDPE(D Flip-Flop with Clock Enable and Asynchronous Preset,带异步置 1

和使能端的 D 触发器)是时序电路设计中用途广泛的一种触发器。FDPE 相对 FDP 而言,增加了一个时钟使能端,当时钟使能端 CE=1 时,允许数据打入;否则屏蔽数据的打入,其他结构和功能则完全一致。当具有异步置 1 功能时,只要 PRE=1,无论其他输入如何,寄存器的内容都将置 1。

FDPE 外形结构如图 B.49 所示。

FDPE 的真值表如表 B.69 所示。

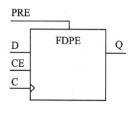

图 B.49 FDPE 外形结构图

表 B.69 FDPE 真值表

输入端				输出端
PRE	CE	D	C	Q
1	X	X	X	1
0	0	X	X	保持不变
0	1	1	↑	1
0	1	0	↑	0

B.13.12 FDPE_1

FDPE_1(D Flip-Flop with Negative-Edge Clock, Clock Enable, andAsynchronous Preset,带异步置 1 和使能端的负边沿时钟 D 触发器)是时序电路设计中用途广泛的一种触发器。FDPE_1 相对 FDPE 而言,其触发时钟改为下降沿触发,其他结构和功能则完全一致。FDPE_1 外形结构如图 B.50 所示。

FDPE_1 的真值表如表 B.70 所示。

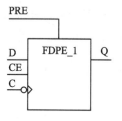

图 B.50 FDPE_1 外形结构图

表 B.70 FDPE_1 真值表

输入端				输出端
PRE	CE	D	C	Q
1	X	X	X	1
0	0	X	X	保持不变
0	1	1	↓	1
0	1	0	↓	0

B.13.13 FDR

FDR(D Flip-Flop with Synchronous Reset,带同步清零的 D 触发器)是时序电路设计中用途广泛的一种触发器。FDR 相对 FD 而言,增加了一个同步清零端,其他结构和功能则完全一致。当同步清零端 R=1,在时钟脉冲 C 上升沿到来时,将触发器内容清 0。FDR 外形结构如图 B.51 所示。

FDR 的真值表如表 B.71 所示。

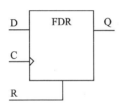

图 B.51 FDR 外形结构图

表 B.71 FDR 真值表

输入端			输出端
R	D	C	Q
1	X	↑	0
0	1	↑	1
0	0	↑	0

B.13.14　FDR_1

FDR_1(D Flip-Flop with Negative-Edge Clock and Synchronous Reset，带同步清零的负边沿时钟 D 触发器)是时序电路设计中用途广泛的一种触发器。FDR_1 相对 FDR 而言，其触发时钟改为下降沿触发，其他结构和功能则完全一致。FDR_1 外形结构如图 B.52 所示。

FDR_1 的真值表如表 B.72 所示。

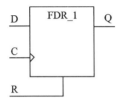

图 B.52　FDR_1 外形结构图

表 B.72　FDR_1 真值表

输入端			输出端
R	D	C	Q
1	X	↓	0
0	1	↓	1
0	0	↓	0

B.13.15　FDRE

FDRE(D Flip-Flop with Clock Enable and Synchronous Reset，带同步清零和使能端的 D 触发器)是时序电路设计中用途广泛的一种触发器。FDRE 相对 FDR 而言，增加了一个时钟使能端，当时钟使能端 CE=1 时，允许数据打入；否则屏蔽数据的打入，其他结构和功能则完全一致。FDRE 外形结构如图 B.53 所示。

FDRE 的真值表如表 B.73 所示。

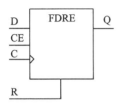

图 B.53　FDRE 外形结构图

表 B.73　FDRE 真值表

输入端				输出端
R	CE	D	C	Q
1	X	X	↑	0
0	0	X	X	保持不变
0	1	1	↑	1
0	1	0	↑	0

B.13.16 FDRE_1

FDRE_1(D Flip-Flop with Negative-Edge Clock and Synchronous Reset,带同步清零和使能端的负边沿时钟 D 触发器)是时序电路设计中用途广泛的一种触发器。FDRE_1 相对 FDRE 而言,其触发时钟改为下降沿触发,其他结构和功能则完全一致。FDRE_1 外形结构如图 B.54 所示。

FDRE_1 的真值表如表 B.74 所示。

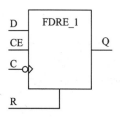

图 B.54 FDRE_1 外形结构图

表 B.74 FDRE_1 真值表

输入端				输出端
R	CE	D	C	Q
1	X	X	↓	0
0	0	X	X	保持不变
0	1	1	↓	1
0	1	0	↓	0

B.13.17 FDRS

FDRS(D Flip-Flop with Synchronous Reset and Set,带同步清零和置 1 功能的 D 触发器)是时序电路设计中用途广泛的一种触发器。FDRS 相对 FD 而言,增加了同步清零和同步置 1 的功能,且同步清零的优先级高于置 1 的优先级,其他结构和功能则完全一致。其中 R 表示同步清零 0 端;S 表示同步置 1 端。FDRS 外形结构如图 B.55 所示。

FDRS 的真值表如表 B.75 所示。

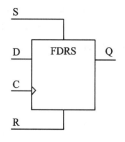

图 B.55 FDRS 外形结构图

表 B.75 FDRS 真值表

输入端				输出端
R	S	D	C	Q
1	X	X	↑	0
0	1	X	↑	1
0	0	1	↑	1
0	0	0	↑	0

B.13.18 FDRS_1

FDRS_1(D Flip-Flop with Negative-Clock Edge and Synchronous Reset and Set,带同步清零和置 1 功能的负边沿时钟 D 触发器)是时序电路设计中用途广泛的一种触发器。FDRS_1 相对 FD 而言,其触发时钟改为下降沿触发,其他结构和功能则完全一致。FDRS_1 外形结构如图 B.56 所示。

FDRS_1 的真值表如表 B.76 所示。

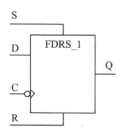

图 B.56　FDRS_1 外形结构图

表 B.76　FDRS_1 真值表

输入端				输出端
R	S	D	C	Q
1	X	X	↓	0
0	1	X	↓	1
0	0	1	↓	1
0	0	0	↓	0

B.13.19　FDRSE

FDRSE(D Flip-Flop with Synchronous Reset and Set and Clock Enable,带时钟使能和同步清零与置 1 功能的 D 触发器)是时序电路设计中用途广泛的一种触发器。FDRSE 相对 FDRS 而言,增加了一个时钟使能端,当时钟使能端 CE=1 时,允许数据打入;否则屏蔽数据的打入。其他结构和功能则完全一致。FDRSE 外形结构如图 B.57 所示。

💡说明:在这里,CE 不影响 R 和 S 的功能,也就是说即使 CE=0,R=1,只要时钟输入端 C 上升沿到来,D 触发器也将清零。

FDRSE 的真值表如表 B.77 所示。

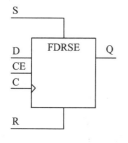

图 B.57　FDRSE 外形结构图

表 B.77　FDRSE 真值表

输入端					输出端
R	S	CE	D	C	Q
1	X	X	X	↑	0
0	1	X	X	↑	1
0	0	0	X	X	保持不变
0	0	1	1	↑	1
0	0	1	0	↑	0

B.13.20　FDRSE_1

FDRSE_1(D Flip-Flop with Negative-Clock Edge,Synchronous Reset and Set,and Clock Enable,带时钟使能和同步清零与置 1 功能的负边沿时钟 D 触发器)是时序电路设计中用途广泛的一种触发器。FDRSE_1 相对 FDRSE 而言,其触发时钟改为下降沿触发,其他结构和功能则完全一致。其外形结构如图 B.58 所示。

FDRSE_1 的真值表如表 B.78 所示。

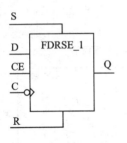

表 B.78　FDRSE_1 真值表

输入端					输出端
R	S	CE	D	C	Q
1	X	X	X	↓	0
0	1	X	X	↓	1
0	0	0	X	X	保持不变
0	0	1	1	↓	1
0	0	1	0	↓	0

图 B.58　FDRSE_1 外形结构图

B.13.21　FDS

FDS(D Flip-Flop with Synchronous Set,带同步置 1 的 D 触发器)是时序电路设计中用途广泛的一种触发器。FDS 相对 FD 而言,增加了一个同步置 1 端,其他结构和功能则完全一致。当同步清零端 S=1 时,在时钟脉冲 C 上升沿到来时,将触发器内容置 1。FDS 外形结构如图 B.59 所示。

FDS 的真值表如表 B.79 所示。

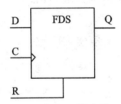

表 B.79　FDS 真值表

输入端			输出端
S	D	C	Q
1	X	↑	1
0	1	↑	1
0	0	↑	0

图 B.59　FDS 外形结构图

B.13.22　FDS_1

FDS_1(D Flip-Flop with Negative-Edge Clock and Synchronous Set,带同步置 1 的负边沿时钟 D 触发器)是时序电路设计中用途广泛的一种触发器。FDS_1 相对 FDS 而言,其触发时钟改为下降沿触发,其他结构和功能则完全一致。FDS_1 外形结构如图 B.60 所示。

FDS_1 的真值表如表 B.80 所示。

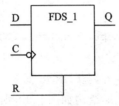

表 B.80　FDS_1 真值表

输入端			输出端
S	D	C	Q
1	X	↓	1
0	1	↓	1
0	0	↓	0

图 B.60　FDS_1 外形结构图

B.13.23 FDSE

FDSE(D Flip-Flop with Clock Enable and Synchronous Set,带时钟使能和同步置1的D触发器)是时序电路设计中用途广泛的一种触发器。FDSE 相对 FDS 而言,增加了一个时钟使能端,其他结构和功能则完全一致。增加了一个时钟使能端,当时钟使能端 CE=1 时,允许数据打入;否则屏蔽数据的打入,但不影响同步预置。FDSE 外形结构如图 B.61 所示。

FDSE 的真值表如表 B.81 所示。

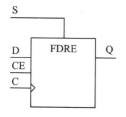

图 B.61 FDSE 外形结构图

表 B.81 FDSE 真值表

输入端				输出端
S	CE	D	C	Q
1	X	X	↑	1
0	0	X	X	保持不变
0	1	1	↑	1
0	1	0	↑	0

B.13.24 FDSE_1

FDSE_1(D Flip-Flop with Negative-Edge Clock, Clock Enable, and Synchronous Set,带时钟使能和同步置1的负沿时钟D触发器)是时序电路设计中用途广泛的一种触发器。FDSE_1 相对 FDSE 而言,其触发时钟改为下降沿触发,其他结构和功能则完全一致。FDSE_1 外形结构如图 B.62 所示。

FDSE_1 的真值表如表 B.82 所示。

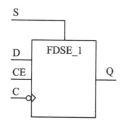

图 B.62 FDSE_1 外形结构图

表 B.82 FDSE_1 真值表

输入端				输出端
S	CE	D	C	Q
1	X	X	↓	1
0	0	X	X	保持不变
0	1	1	↓	1
0	1	0	↓	0

B.13.25 FDCP

FDCP(D Flip-Flop Asynchronous Preset and Clear,带异步清零和异步置1的D触发器)是时序电路设计中用途广泛的一种触发器。FDCP 相对 FDC 而言,增加了一个异步置1端,其他结构和功能则完全一致。FDCP 外形结构如图 B.63 所示。

说明: 在这里,清零端 CLR 的优先级大于置 1 端 PRE,也就是说,当 CLR=1 且 PRE=1 时,将执行清零操作,而忽略置 1 的操作。

FDCP 的真值表如表 B.83 所示。

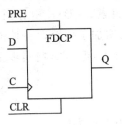

表 B.83 FDCP 真值表

输入端				输出端
CLR	PRE	D	C	Q
1	X	X	X	0
0	1	X	X	1
0	0	0	↑	0
0	0	1	↑	1

图 B.63 FDCP 外形结构图

B.13.26 FDCP_1

FDCP_1(D Flip-Flop with Negative-Edge Clock and Asynchronous Preset and Clear,带异步清零和异步置 1 的 负边沿时钟 D 触发器)是时序电路设计中用途广泛的一种触发器。FDCP_1 相对 FDCP 而言,其触发时钟改为下降沿触发,其他结构和功能则完全一致。FDCP_1 外形结构如图 B.64 所示。

说明: 与 FDCP 一样,清零端 CLR 的优先级大于置 1 端 PRE,也就是说,当 CLR=1 且 PRE=1 时,将执行清零操作,而忽略置 1 的操作。

FDCP_1 的真值表如表 B.84 所示。

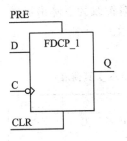

表 B.84 FDCP_1 真值表

输入端				输出端
CLR	PRE	D	C	Q
1	X	X	X	0
0	1	X	X	1
0	0	0	↓	0
0	0	1	↓	1

图 B.64 FDCP_1 外形结构图

B.13.27 FDCPE

FDCPE(D Flip-Flop with Clock Enable and Asynchronous Preset and Clear,带使能端和异步清零与异步置 1 功能的 D 触发器)是时序电路设计中用途广泛的一种触发器。FDCPE 相对 FDCP 而言,增加了一个时钟使能端,其他结构和功能则完全一致。FDCPE 外形结构如图 B.65 所示。

FDCPE 的真值表如表 B.85 所示。

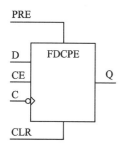

图 B.65　FDCPE 外形结构图

表 B.85　FDCPE 真值表

输入端					输出端
CLR	PRE	CE	D	C	Q
1	X	X	X	X	0
0	1	X	X	X	1
0	0	0	X	X	保持不变
0	0	1	0	↑	0
0	0	1	1	↑	1

B.13.28　FDCPE_1

FDCPE_1(D Flip-Flop with Negative-Edge Clock, Clock Enable, and Asynchronous Preset and Clear,带使能端和异步清零与异步置 1 功能的负边沿时钟 D 触发器)是时序电路中用途广泛的一种触发器。FDCPE_1 相对 FDCPE 而言,除触发时钟为下降沿触发外,结构和功能完全一致。其外形结构如图 B.66 所示。

FDCPE_1 的真值表如表 B.86 所示。

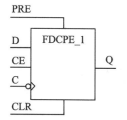

图 B.66　FDCPE 外形结构图

图 B.86　FDCPE 真值表

输入端					输出端
CLR	PRE	CE	D	C	Q
1	X	X	X	X	0
0	1	X	X	X	1
0	0	0	X	X	保持不变
0	0	1	0	↓	0
0	0	1	1	↓	1

B.13.29　FDxCE

FDxCE(4-,8-,16-Bit Data Registers with Clock Enable and Asynchronous Clear,带异步清零和时钟使能的 4、8、16 位寄存器),其功能类似于 FDCE,区别在于寄存器的宽度的差异。包括 FD4CE、FD8CE 和 FD16CE 三种类型。

该类器件外形除了输入和输出数据宽度外基本类似,图 B.67 列举了三种寄存器的外形图。

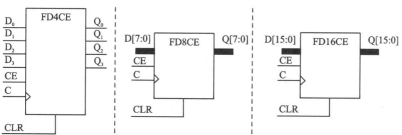

图 B.67　FDxCE 外形结构图

该类器件的真值表如表 B.87 所示。

表 B.87 FDxCE 真值表

输入端				输出端
CLR	CE	Dx~D₀	C	Qx~Q₀
1	X	X	X	0
0	0	X	X	保持不变
0	1	Dn	↑	dn

x = 寄存器宽度－1，如 FD4CE 中，x=3，用 $Q_3 \sim Q_0$ 表示其输出
dn 表示在时钟输入端 C 上升沿到来前，Dn 的输入数据

B.13.30 FDxRE

FDxRE(4 -, 8 -, 16 - Bit Data Registers with Clock Enable and Synchronous Reset，带同步清零和时钟使能的 4、8、16 位寄存器)，其功能类似于 FDRE，区别在于寄存器的宽度的差异。包括 FD4RE、FD8RE 和 FD16RE 三种类型。

该类器件外形除了输入和输出数据宽度外基本类似，图 B.68 列举了三种寄存器的外形图。

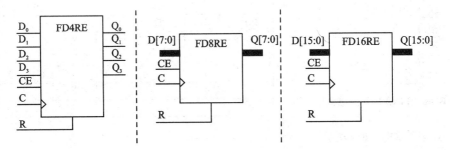

图 B.68 FDxRE 外形结构图

该类器件的真值表如表 B.88 所示。

表 B.88 FDxRE 真值表

输入端				输出端
R	CE	Dx~D₀	C	Qx~Q₀
1	X	X	↑	0
0	0	X	X	保持不变
0	1	Dn	↑	dn

x = 寄存器宽度－1，如 FD4CE 中，x=3，用 $Q_3 \sim Q_0$ 表示其输出
dn 表示在时钟输入端 C 上升沿到来前，Dn 的输入数据

B.13.31 FJKC

FJKC(J-K Flip-Flop with Asynchronous Clear,带异步清零JK触发器)是时序电路设计中用途广泛的一种触发器。FJKC 相对 FD 而言,仅仅是寄存器的类型发生了变化,其他结构和功能则完全一致。FJKC 外形结构如图 B.69 所示。

由已学的知识可知,JK 触发器的次态方程为:$Q_{JK}^{n+1}=J\bar{Q}+\bar{K}Q$。FJKC 的真值表如表 B.89 所示。

表 B.89　FJKC 真值表

输入端				输出端
CLR	J	K	C	Q
1	X	X	X	0
0	0	0	↑	保持不变
0	0	1	↑	0
0	1	0	↑	1
0	1	1	↑	取反

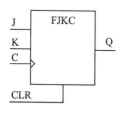

图 B.69　FJKC 外形结构图

B.13.32 FJKCE

FJKCE(J-K Flip-Flop with Clock Enable and Asynchronous Clear,带时钟使能和异步清零的 JK 触发器)是时序电路中用途广泛的一种触发器。FJKCE 相对 FJKC 而言,增加了一个时钟使能端。FJKCE 外形结构如图 B.70 所示。

FJKCE 的真值表如表 B.90 所示。

表 B.90　FJKCE 真值表

输入端					输出端
CLR	CE	J	K	C	Q
1	X	X	X	X	0
0	0	X	X	X	保持不变
0	1	0	0	X	保持不变
0	1	0	1	↑	0
0	1	1	0	↑	1
0	1	1	1	↑	取反

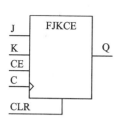

图 B.70　FJKCE 外形结构图

B.13.33 FJKP

FJKP(J-K Flip-Flop with Asynchronous Preset,异步置1的JK触发器)是时序电路设计中用途广泛的一种触发器。FJKP 除具有 JK 触发器的常规功能外,还具有异步置 1 功能。FJKP 外形结构如图 B.71 所示。

FJKP 的真值表如表 B.91 所示。

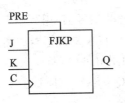

图 B.71 FJKP 外形结构图

表 B.91 FJKP 真值表

输入端				输出端
PRE	J	K	C	Q
1	X	X	X	1
0	0	0	↑	保持不变
0	0	1	↑	0
0	1	0	↑	1
0	1	1	↑	取反

B.13.34 FJKPE

FJKPE(J-K Flip-Flop with Clock Enable and Asynchronous Preset,带时钟使能和异步置1的JK触发器)是时序电路设计中用途广泛的一种触发器。FJKPE除具有JK触发器的常规功能外,还具有异步置1功能,同时其数据是否打入依赖于时钟使能端CE的值是否为1。FJKPE外形结构如图B.72所示。

FJKPE的真值表如表B.92所示。

表 B.92 FJKPE 真值表

输入端					输出端
PRE	CE	J	K	C	Q
1	X	X	X	X	1
0	0	X	X	X	保持不变
0	1	0	0	X	保持不变
0	1	0	1	↑	0
0	1	1	0	↑	1
0	1	1	1	↑	取反

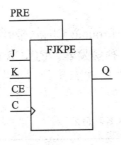

图 B.72 FJKPE 外形结构图

B.13.35 FJKRSE

FJKRSE(J-K Flip-Flop with Clock Enable and Synchronous Reset and Set,带时钟使能和同步清零与置1功能的JK触发器)是时序电路设计中用途广泛的一种触发器。FJKRSE除具有JK触发器的常规功能外,还具有同步清零和同步置1的功能,同时其数据是否打入依赖于时钟使能端CE的值是否为1。FJKRSE外形结构如图B.73所示。

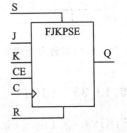

图 B.73 FJKRSE 外形结构图

说明:在这里,CE不影响R和S的功能,也就是说即使CE=0,R=1,只要时钟输入端C上升沿到来,D触发器也将清零。若R=

1,且 S=1 时,则只做清零的操作,即清零的优先级大于置 1 的优先级。

FJKRSE 的真值表如表 B.93 所示。

表 B.93 FJKRSE 真值表

输入端						输出端
R	S	CE	J	K	C	Q
1	X	X	X	X	↑	0
0	1	X	X	X	↑	1
0	0	0	X	X	X	保持不变
0	0	1	0	0	X	保持不变
0	0	1	0	1	↑	0
0	0	1	1	0	↑	1
0	0	1	1	1	↑	取反

B.13.36 FJKSRE

FJKSRE(J - K Flip - Flop with Clock Enable and Synchronous Set and Reset,带时钟使能和同步置 1 与清零功能的 JK 触发器)是时序电路设计中用途广泛的一种触发器。FJKSRE 除具有 JK 触发器的常规功能外,还具有同步置 1 和同步清零的功能,同时其数据是否打入依赖于时钟使能端 CE 的值是否为 1。FJKSRE 外形结构如图 B.74 所示。

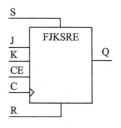

图 B.74 FJKSRE 外形结构图

🔹 说明:在这里,CE 不影响 R 和 S 的功能,也就是说即使 CE=0,R=1,只要时钟输入端 C 上升沿到来,D 触发器也将清零。若 R=1,且 S=1 时,则只做置 1 的操作,即置 1 的优先级大于清零的优先级。

FJKSRE 的真值表如表 B.94 所示。

表 B.94 FJKSRE 真值表

输入端						输出端
S	R	CE	J	K	C	Q
1	X	X	X	X	↑	0
0	1	X	X	X	↑	1
0	0	0	X	X	X	保持不变
0	0	1	0	0	X	保持不变
0	0	1	0	1	↑	0
0	0	1	1	0	↑	1
0	0	1	1	1	↑	取反

B.13.37 FTC

FTC(Toggle Flip-Flop with Toggle Enable and Asynchronous Clear,带异步清零的 T 触发器)是时序电路中用途广泛的一种触发器。外形结构如图 B.75 所示。

FTC 的真值表如表 B.95 所示。

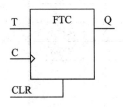

图 B.75 FTC 外形结构图

表 B.95 FTC 真值表

输入端			输出端
CLR	T	C	Q
1	X	X	0
0	0	X	No
0	1	↑	取反

B.13.38 FTCE

FTCE(Toggle Flip-Flop with Toggle and Clock Enable and Asynchronous Clear,带时钟使能和异步清零的 T 触发器)是时序电路设计中用途广泛的一种触发器。FTCE 在 FTC 的基础上增加了时钟使能端 CE,若 CE=0,时钟脉冲输入 CE 将被封锁。FTCE 外形结构如图 B.76 所示。

FTCE 的真值表如表 B.96 所示。

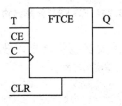

图 B.76 FTCE 外形结构图

表 B.96 FTCE 真值表

输入端				输出端
CLR	CE	T	C	Q
1	X	X	X	0
0	0	X	X	保持不变
0	1	0	X	保持不变
0	1	1	↑	取反

B.13.39 FTCLE

FTCLE(Toggle/Loadable Flip-Flop with Toggle and Clock Enable and Asynchronous Clear,可同步预置的带时钟使能和异步清零的 T 触发器)是时序电路设计中用途广泛的一种触发器。FTCLE 在 FTCE 的基础上增加同步预置功能。FTCLE 外形结构、引脚和功能如表 B.97 所示。

FTCLE 的真值表如表 B.98 所示。

表 B.97 FTCLE 详解

外形图	引脚	说明
FTCLE D, L, T, CE, C, CLR → Q	D	预置数据输入端。输入端,1位
	L	同步预置端。输入端,1位
	T	触发器输入端。为输入端,传统 T 触发器的次态方程为 $Q_T^{n+1}=T\oplus Q$,即当 T=1 时,触发器取反,为 0 时,保持不变
	C	时钟输入端。触发器的工作脉冲
	CE	时钟使能端。CE=0 时,将封锁时钟输入端 C
	CLR	异步清零端
	Q	触发器状态输出端
功能说明		在保持传统 T 触发器功能的前提下,支持异步清零,支持同步的预置功能,且预置的数据从 D 端输入。通过控制 CE 的输入来决定是否封锁时钟脉冲的输入

表 B.98 FTCLE 真值表

输入端						输出端
CLR	L	CE	T	D	C	Q
1	X	X	X	X	X	0
0	1	X	X	1	↑	1
0	1	X	X	0	↑	0
0	0	0	X	X	X	保持不变
0	0	1	0	X	X	保持不变
0	0	1	1	X	↑	取反

B.13.40 FTCLEX

FTCLEX(Toggle/Loadable Flip-Flop with Toggle and Clock Enable and Asynchronous Clear,可同步预置的带时钟使能和异步清零的 T 触发器),与 FTCLE 外形与功能完全一致,在内部实现时有一定差别。在需要用到此类器件时,请参阅随机文档《Virtex-6 Libraries Guide for Schematic Designs》中的相关说明,在此不再赘述。

B.13.41 FTP

FTP(Toggle Flip-Flop with Toggle Enable and Asynchronous Preset)是具有异步置 1 功能的 T 触发器,外形结构如图 B.77 所示。

FTP 的真值表如表 B.99 所示。

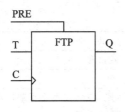

图 B.77 FTP 外形结构图

表 B.99 FTP 真值表

输入端			输出端
PRE	T	C	Q
1	X	X	1
0	0	X	保持不变
0	1	↑	取反

B.13.42 FTPE

FTPE(Toggle Flip-Flop with Toggle and Clock Enable and Asynchronous Preset)是具有时钟使能端和异步置 1 功能的 T 触发器，外形结构如图 B.78 所示。

FTPE 的真值表如表 B.100 所示。

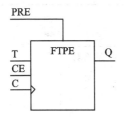

图 B.78 FTPE 外形结构图

表 B.100 FTPE 真值表

输入端				输出端
PRE	CE	T	C	Q
1	X	X	X	1
0	0	X	X	保持不变
0	1	0	X	保持不变
0	1	1	↑	取反

B.13.43 FTPLE

FTPLE(Toggle/Loadable Flip-Flop with Toggle and Clock Enable and Asynchronous Preset,可异步置 1 的带时钟使能的 T 触发器)是时序电路设计中用途广泛的一种触发器。FTPLE 在 FTPE 的基础上增加同步预置功能。FTPLE 外形结构、引脚如表 B.101 所示。

表 B.101 FTPLE 详解

外形图	引脚	说明
(FTPLE 外形图)	D	预置数据输入端。输入端,1 位
	L	同步预置端。输入端,1 位
	T	触发器输入端。T 触发器的 T 输入端
	C	时钟输入端。触发器的工作脉冲
	CE	时钟使能端。CE=0 时,将封锁时钟输入端 C
	PRE	异步置 1 端
	Q	触发器状态输出端
功能说明		时钟使能、可异步置 1,可同步预置的 T 触发器

FTPLE 的真值表如表 B.102 所示。

表 B.102　FTPLE 真值表

输入端						输出端
PRE	L	CE	T	D	C	Q
1	X	X	X	X	X	1
0	1	X	X	1	↑	1
0	1	X	X	0	↑	0
0	0	0	X	X	X	保持不变
0	0	1	0	X	X	保持不变
0	0	1	1	X	↑	取反

B.13.44　FTRSE

FTRSE(Toggle Flip-Flop with Toggle and Clock Enable and Synchronous Reset and Set,带时钟使能和同步清零与置 1 功能的 T 触发器),除具有 T 触发器的常规功能外,还具有同步清零和同步置 1 的功能,同时其数据是否打入依赖于时钟使能端 CE 的值是否为 1。FTRSE 外形结构如图 B.79 所示。

说明:在这里,CE 不影响 R 和 S 的功能,也就是说即使 CE=0,R=1,只要时钟输入端 C 上升沿到来,D 触发器也将清零。若 R=1,且 S=1 时,则只做清零的操作,即清零的优先级大于置 1 的优先级。

FTRSE 的真值表如表 B.103 所示。

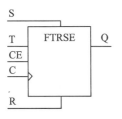

图 B.79　FTRSE 外形结构图

表 B.103　FTRSE 真值表

输入端					输出端
R	S	CE	T	C	Q
1	X	X	X	↑	0
0	1	X	X	↑	1
0	0	0	X	X	保持不变
0	0	1	0	X	No
0	0	1	1	↑	取反

B.13.45　FTSRE

FTSRE(Toggle Flip-Flop with Toggle and Clock Enable and Synchronous Set and Reset,带时钟使能和同步置 1 与清零功能的 T 触发器),除具有 T 触发器的常规功能外,还具有同步清零和同步置 1 的功能,同时其数据是否打入依赖于时钟使能端 CE 的值是否为 1。FTSRE 外形结构如图 B.80 所示。

说明:在这里,CE 不影响 R 和 S 的功能,也就是说即使 CE=0,R=1,只要时钟输入端 C 上升沿到来,D 触发器也将清零。若 R=1,且 S=1 时,则只做清零的操作，即置 1 的优先级大于清零的优先级。

FTSRE 的真值表如表 B.104 所示。

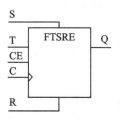

图 B.80　FTSRE 外形结构图

表 B.104　FTSRE 真值表

输入端					输出端
S	R	CE	T	C	Q
1	X	X	X	↑	0
0	1	X	X	↑	1
0	0	0	X	X	保持不变
0	0	1	0	X	No
0	0	1	1	↑	取反

B.13.46　FTRSLE

FTRSLE(Toggle/Loadable Flip - Flop with Toggle and Clock Enable and Synchronous Reset and Set，带时钟使能和同步清零与置 1 及可预置功能的 T 触发器)，除具有 T 触发器的常规功能外，还具有同步清零和同步置 1 的功能，以及同步预置功能，当 L=1 时，在时钟脉冲输入端 C 上升沿到来时，将输入端 D 的数据置入触发器。同时其数据是否打入依赖于时钟使能端 CE 的值是否为 1。FTRSLE 外形结构如图 B.81 所示。

FTRSLE 的真值表如表 B.105 所示。

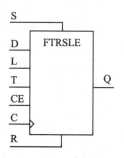

图 B.81　FTRSLE 外形结构图

表 B.105　FTRSLE 真值表

输入端							输出端
R	S	L	CE	T	D	C	Q
1	0	X	X	X	X	↑	0
0	1	X	X	X	X	↑	1
0	0	1	X	X	1	↑	1
0	0	1	X	X	0	↑	0
0	0	0	0	X	X	X	保持不变
0	0	0	1	0	X	X	保持不变
0	0	0	1	1	X	↑	取反

B.13.47　FTSRLE

FTSRLE(Toggle/Loadable Flip - Flop with Toggle and Clock Enable and Synchronous Set and Reset，带时钟使能和同步置 1 与清零及可预置功能的 T 触发器)，除具有 T 触发器的常规功能外，还具有同步置 1 和同步清零的功能，以及同步预置

功能,当 L=1 时,在时钟脉冲输入端 C 上升沿到来时,将输入端 D 的数据置入触发器。同时其数据是否打入依赖于时钟使能端 CE 的值是否为 1。

异步清零或置 1 端同时有效时,置 1 的优先级要高于清零操作。其从操作的优先级上排序,有 S>R>L 序列,即异步置 1 的优先级最高,同步预置的优先级最低。FTSRLE 外形结构如图 B.82 所示。

FTSRLE 的真值表如表 B.106 所示。

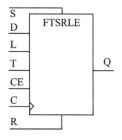

图 B.82 FTSRLE 外形结构图

表 B.106 FTSRLE 真值表

输入端							输出端
S	R	L	CE	T	D	C	Q
1	0	X	X	X	X	↑	0
0	1	X	X	X	X	↑	1
0	0	1	X	X	1	↑	1
0	0	1	X	X	0	↑	0
0	0	0	0	X	X	X	保持不变
0	0	0	1	0	X	X	保持不变
0	0	0	1	1	X	↑	取反

B.13.48 IFD、IFD4、IFD8、IFD16

IFD(Single-and Multiple-Input D Flip-Flops,1 位或多位的 D 触发器),在电路设计中应用较为广泛,包括 IFD、IFD4、IFD8 和 IFD16 四种器件。以 4 位 D 触发器 IFD4 为例进行说明。IFD4 外形结构、引脚和功能如表 B.107 所示。

表 B.107 IFD4 详解

外形图	引脚	说明
(IFD4: D_0, D_1, D_2, D_3 输入;Q_0, Q_1, Q_2, Q_3 输出;C 时钟)	$D_3 \sim D_0$	数据输入端。输入端,4 位,D 触发器的输入
	C	时钟输入端。触发器的工作脉冲,上升沿有效
	$Q_3 \sim Q_0$	触发器状态输出端。输出端,4 位
	功能说明	满足次态方程 $Q_D^{n+1} = D$

IFD4 的真值表如表 B.108 所示。
IFD 的其余三种器件外形结构如图 B.83 所示。

表 B.108 IFD4 真值表

输入端					输出端			
C	D_3	D_2	D_1	D_0	Q_3	Q_2	Q_1	Q_0
↑	0	0	0	0	0	0	0	0
↑	0	0	0	1	0	0	0	1
↑	0	0	1	0	0	0	1	0
↑	0	0	1	1	0	0	1	1
↑	0	1	0	0	0	1	0	0
↑	0	1	0	1	0	1	0	1
↑	0	1	1	0	0	1	1	0
↑	0	1	1	1	0	1	1	1
↑	1	0	0	0	1	0	0	0
↑	1	0	0	1	1	0	0	1
↑	1	0	1	0	1	0	1	0
↑	1	0	1	1	1	0	1	1
↑	1	1	0	0	1	1	0	0
↑	1	1	0	1	1	1	0	1
↑	1	1	1	0	1	1	1	0
↑	1	1	1	1	1	1	1	1

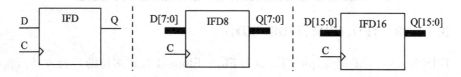

图 B.83 IFD、IFD8、IFD16 外形结构图

B.13.49 IFD_1

IFD_1(Input D Flip-Flop with Inverted Clock,1 位负边沿时钟 D 触发器),其结构与 IFD 类似,区别在于其工作脉冲为负边沿脉冲有效,即下降沿有效。IFD_1 外形结构、引脚和功能如表 B.109 所示。

表 B.109 IFD_1 详解

外形图	引脚	说明
(IFD_1 图)	D	数据输入端。输入端,1 位,D 触发器的输入
	C	时钟输入端。触发器的工作脉冲,下降沿有效
	Q	触发器状态输出端。输出端,1 位
	功能说明	满足次态方程 $Q_D^{n+1}=D$

IFD_1 的真值表如表 B.110 所示。

表 B.110　IFD_1 真值表

输入端		输出端
D	C	Q
0	↓	0
1	↓	1

B.13.50　IFDI

IFDI(Input D Flip-Flop，1 位输入 D 触发器)。其外形结构和功能与 IFD 完全一致，内部实现细节上有区别。在需要用到此类器件时，请参阅随机文档《Virtex-6 Libraries Guide for Schematic Designs》中的相关说明，在此不再赘述。

B.13.51　IFDX、IFDX4、IFDX8、IFDX16

IFDX(Single- and Multiple-Input D Flip-Flops with Clock Enable，1 位或多位带时钟使能的 D 触发器)，包括 IFDX、IFDX4、IFDX8 和 IFDX16 四种器件。以 1 位 D 触发器 IFDX 为例进行说明。其外形结构、引脚和功能如表 B.111 所示。

表 B.111　IFDX 详解

外形图	引脚	说明
（IFDX 外形图：D、CE、C 输入，Q 输出）	D	数据输入端。输入端，1 位，D 触发器的输入
	C	时钟输入端。触发器的工作脉冲，上升沿有效
	Q	触发器状态输出端。输出端，1 位
	CE	时钟使能端。CE=0，则封锁时钟输入
	功能说明	满足次态方程 $Q_D^{n+1}=D$

IFDX 的真值表如表 B.112 所示。

表 B.112　IFDX 真值表

输入端			输出端
CE	D	C	Q
1	D	↑	d
0	X	X	保持不变
d 表示在时钟输入端 C 上升沿到来前，D 的输入数据			

IFDX 的其余三种器件外形结构如图 B.84 所示。

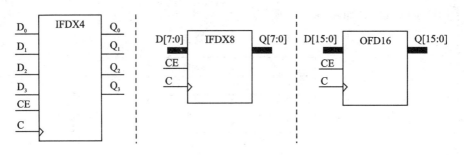

图 B.84　IFDX4、IFDX8、IFDX16 外形结构图

B.13.52　IFDI_1

IFDI_1(Input D Flip-Flop with Inverted Clock,1 位输入负边沿时钟 D 触发器)。其外形结构和功能与 IFD_1 完全一致,内部实现细节上有区别。在需要用到此类器件时,请参阅随机文档《Virtex-6 Libraries Guide for Schematic Designs》中的相关说明,在此不再赘述。

B.13.53　IFDX_1

IFDX_1(Input D Flip-Flop with Inverted Clock and Clock Enable,1 位输入带时钟使能端负边沿时钟 D 触发器)。它与 IFDX 的区别仅仅是触发脉冲变成了下降沿。IFDX_1 外形结构、引脚和功能如表 B.113 所示。

表 B.113　IFDX_1 详解

外形图	引　脚	说　明
IFDXI_1 D　Q CE C	D	数据输入端。输入端,1 位,D 触发器的输入
	C	时钟输入端。触发器的工作脉冲,下降沿有效
	Q	触发器状态输出端。输出端,1 位
	CE	时钟使能端。CE=0,则封锁时钟输入
	功能说明	满足次态方程 $Q_D^{n+1}=D$

IFDX_1 的真值表如表 B.114 所示。

表 B.114　IFDX_1 真值表

输入端			输出端
CE	D	C	Q
1	D	↓	d
0	X	X	保持不变
d 表示在时钟输入端 C 上升沿到来前,D 的输入数据			

B.14 锁存器

锁存器(Latch)是一种对脉冲电平敏感的存储单元电路,可以在特定输入脉冲电平作用下改变状态。锁存,就是把信号暂存以维持某种电平状态。锁存器的最主要作用是缓存,其次是完成高速的控制器与慢速的外设的不同步问题,再其次是解决驱动的问题,最后是解决一个 I/O 口既能输入也能输出的问题。锁存器是利用电平控制数据的输入,它包括不带使能控制的锁存器和带使能控制的锁存器。

B.14.1 ILD、ILD4、ILD8、ILD16

ILD(Transparent Input Data Latches,1 位或多位输入数据锁存器)。包括 ILD,ILD4,ILD8 和 ILD16 四种,该类输入数据锁存器用来保存芯片的瞬态数据。当栅极输入 G 为高时,数据在输入端 D 输入,在数据输出端 Q 输出;当栅极输入 G 为低时,锁存器将保存在 G 由高到低时候传输的 D 的数据,并保持输出直到 G 重新变高。该类输入数据锁存器的不同器件,除输入端和输出端的位数不同外,功能和引脚含义基本一致,以 ILD4 为例进行说明。ILD4 外形结构、引脚和功能如表 B.115 所示。

表 B.115 ILD4 详解

外形图	引脚	说明
ILD4 D_0 Q_0 D_1 Q_1 D_2 Q_2 D_3 Q_3 G	$D_3 \sim D_0$	数据输入端。输入端,4 位,锁存器的输入
	G	栅极输入。G=1,D 和 Q 直通;G=0 时,锁存数据,并输出
	$Q_3 \sim Q_0$	锁存器输出端。输出端,4 位
	功能说明	可通过控制 G 的值,决定 Q 端的数据是 D 还是保持输出。

ILD4 的真值表如表 B.116 所示。

表 B.116 ILD4 真值表

输入端		输出端
G	$D_3 \sim D_0$	$Q_3 \sim Q_0$
1	0000～1111	0000～1111
0	X	d
d 表示在 G 由 1 变 0 之前 D 的数据内容。		

B.14.2 ILD_1

ILD_1(Transparent Input Data Latch with Inverted Gate,1 位带反相栅极控制

的输入数据锁存器)。该类输入数据锁存器功能与 ILD 类似,区别在于当栅极输入 G 为低时,数据在输入端 D 输入,在数据输出端 Q 输出;当栅极输入 G 为高时,锁存器将保存在 G 由高到低时传输的 D 的数据。ILD_1 外形结构、引脚和功能如表 B.117 所示。

表 B.117　ILD_1 详解

外形图	引脚	说明
ILD_1（D、G 输入，Q 输出）	D	数据输入端。输入端,1 位,锁存器的输入
	G	栅极输入。G=0,D 和 Q 直通;G=1 时,锁存数据,并输出
	Q	锁存器输出端。输出端,1 位
	功能说明	可通过控制 G 的值,决定 Q 端的数据是 D 还是保持输出

ILD_1 的真值表如表 B.118 所示。

表 B.118　ILD_1 真值表

输入端		输出端
G	D	Q
0	0	0
0	1	1
1	X	d
d 表示在 G 由 0 变 1 之前 D 的数据内容。		

B.14.3　ILDI

ILDI(Transparent Input Data Latches,1 位或多位输入数据锁存器)。其外形结构和功能与 ILD 完全一致,内部实现细节上有区别。在需要用到此类器件时,请参阅随机文档《Virtex-6 Libraries Guide for Schematic Designs》中的相关说明。

B.14.4　ILDI_1

ILDI_1(Transparent Input Data Latch with Inverted Gate,1 位带反相栅极控制的输入数据锁存器)。其外形结构和功能与 ILD_1 完全一致,内部实现细节上有区别。在需要用到此类器件时,请参阅随机文档《Virtex-6 Libraries Guide for Schematic Designs》中的相关说明,在此不再赘述。

B.14.5　ILDX、ILDX4、ILDX8、ILDX16

ILDX(Transparent Input Data Latches with Gate Enable,1 位或多位带栅极输入使能的输入数据锁存器)。包括 ILDX,ILDX4,ILDX8 和 ILDX16 四种,该类输入数据锁存器用来保存芯片的瞬态数据。

① 当栅极输入 G 为高且 GE＝1 时,数据在输入端 D 输入,在数据输出端 Q 输出。

② 若 GE＝1,G 由高变为低时,锁存器将保存和输出此时 D 的数据。

③ 当栅极输入 G 为低时,锁存器将保存在 G 由高到低时传输的 D 的数据,并保持输出直到 G 重新变高。

④ 在 GE＝0 时,锁存器数据保持不变。

该类输入数据锁存器的不同器件,除输入端和输出端的位数不同外,功能和引脚含义基本一致,以 ILDX4 为例进行说明。ILDX4 外形结构、引脚和功能如表 B.119 所示。

表 B.119　ILDX4 详解

外形图	引　脚	说　明
ILDX4（$D_0, D_1, D_2, D_3, GE, G$ 输入；Q_0, Q_1, Q_2, Q_3 输出）	$D_3 \sim D_0$	数据输入端。输入端,4 位,锁存器的输入
	G	栅极输入。G＝0 时,锁存数据,并输出。G＝1,则由 CE;
	$Q_3 \sim Q_0$	锁存器输出端。输出端,4 位
	GE	栅极使能端。CE＝0,锁定锁存器内容
	功能说明	如表 B.120 真值表描述

ILDX4 的真值表如表 B.120 所示。

表 B.120　ILDX4 真值表

输入端			输出端
GE	G	$D_3 \sim D_0$	$Q_3 \sim Q_0$
0	X	X	保持不变
1	0	X	保持不变
1	1	0000～1111	0000～1111
1	1	0	0
1	↓	Dn	dn
dn 表示在 G 由 1 变 0 之前 D 的数据内容。			

B.14.6　ILDX_1

ILDX_1(Transparent Input Data Latch with Inverted Gate and Cate enable,1 位带反相栅极控制与使能的输入数据锁存器)。该类输入数据锁存器功能与 ILDX 类似,区别在于 G 的有效取值与 ILDX 相反。ILDX_1 外形结构、引脚和功能如表 B.121 所示。

表 B.121　ILDX_1 详解

外形图	引脚	说明
ILDX_1（D、GE、G 输入，Q 输出）	D	数据输入端。输入端，1 位，锁存器的输入
	G	栅极输入。G=1，D 和 Q 直通；G=0 时，锁存数据，并输出
	Q	锁存器输出端。输出端，1 位
	GE	栅极使能端。CE=0，锁定锁存器内容
功能说明		当栅极输入 G 为低且 GE=1 时，数据在输入端 D 输入，在数据输出端 Q 输出； 若 GE=1，G 由高变为低时，锁存器将保存和输出此时 D 的数据； 当栅极输入 G 为高时，锁存器将保存在 G 由低到高时传输的 D 的数据，并保持输出直到 G 重新变低； 在 GE=0 时，锁存器数据保持不变

B.14.7　LD、LD4、LD8、LD16

LD（Transparent Data Latches，1 位或多位数据锁存器）。包括 LD，LD4，LD8 和 LD16 四种。

① 当栅极输入 G 为高时，数据在输入端 D 输入，在数据输出端 Q 输出，同时数据存入锁存器。

② 当栅极输入 G 由高变低时，锁存器将打入并输出此时 D 输入端的数据。

③ 当栅极输入 G 为低时，锁存器的输出将不随输入的变化而变化。

该类输入数据锁存器的不同器件，除输入端和输出端的位数不同外，功能和引脚含义基本一致，以 LD4 为例进行说明。LD4 外形结构、引脚和功能如表 B.122 所示。

表 B.122　LD4 详解

外形图	引脚	说明
LD4（$D_0 \sim D_3$、G 输入，$Q_0 \sim Q_3$ 输出）	$D_3 \sim D_0$	数据输入端。输入端，4 位，锁存器的输入
	G	栅极输入。G=1 或下降沿时，D 和 Q 直通；G=0 时，锁存数据，并输出
	$Q_3 \sim Q_0$	锁存器输出端。输出端，4 位
功能说明		如表 B.123 所示

LD4 的真值表如表 B.123 所示。

其他宽度的锁存器外形结构如图 B.85 所示。

表 B.123 LD4 真值表

输入端		输出端
G	$D_3 \sim D_0$	$Q_3 \sim Q_0$
1	0000~1111	0000~1111
0	X	D
↓	D	d

d 表示在 G 由 0 变 01 之前 D 的数据内容。

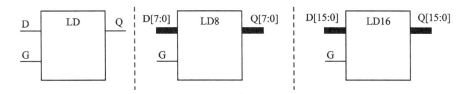

图 B.85　LD、LD8、LD16 外形结构图

B.14.8　LD_1

LD_1(Transparent Data Latch with Inverted Gate,1 位带反相栅极控制的数据锁存器)。当栅极输入 G 为低时,数据在输入端 D 输入,在数据输出端 Q 输出,同时数据存入锁存器;当栅极输入 G 由低变高时,锁存器将打入并输出此时 D 输入端的数据;当栅极输入 G 为高时,锁存器的输出将不随输入的变化而变化。

LD_1 外形结构、引脚和功能如表 B.124 所示。

表 B.124　LD_1 详解

外形图	引脚	说明
	D	数据输入端。输入端,1 位,锁存器的输入
	G	栅极输入。G=1,D 和 Q 直通;G=0 时,锁存数据,并输出
	Q	锁存器输出端。输出端,1 位
	功能说明	参见表 B.125

LD_1 的真值表如表 B.125 所示。

表 B.125　LD_1 真值表

输入端		输出端
G	D	Q
0	0	0
0	1	1
1	X	保持不变
↑	D	d

d 表示在 G 由 0 变 1 之前 D 的数据内容。

B.14.9 LDC

LDC(Transparent Data Latch with Asynchronous Clear,带异步清零数据锁存器)。其功能与 LD 类似,区别在于增加了异步清零端。只要异步清零端 CLR=1,无论输入端内容如何,锁存器都将输出 0;否则,其功能与 LD 类似。

LDC 外形结构、引脚和功能如表 B.126 所示。

表 B.126 LDC 详解

外形图	引脚	说明
（LDC 外形图：D、G、CLR 输入,Q 输出）	D	数据输入端。输入端,1 位,锁存器的输入
	G	栅极输入。G=1 或下降沿时,D 和 Q 直通;G=0 时,锁存数据,并输出
	Q	锁存器输出端。输出端,1 位
	CLR	异步清零端。高电平有效
	功能说明	如表 B.127 所示

LDC 的真值表如表 B.127 所示。

表 B.127 LDC 真值表

输入端			输出端
CLR	G	D	Q
1	X	X	0
0	1	0	0
0	1	1	1
0	0	X	保持不变
0	↓	D	d
d 表示在 G 由 1 变 0 之前 D 的数据内容。			

B.14.10 LDC_1

LDC_1(Transparent Data Latch with Asynchronous Clear and Inverted Gate,带异步清零和反相栅极控制的数据锁存器)。其功能与 LDC 类似,区别在于 G 前增加了一个反相门。

LDC_1 外形结构、引脚和功能如表 B.128 所示。

表 B.128 LDC_1 详解

外形图	引脚	说明
（LDC_1 外形图：D、G、CLR 输入,Q 输出）	D	数据输入端。输入端,1 位,锁存器的输入
	G	栅极输入。G=0 或下降沿时,D 和 Q 直通;G=1 时,锁存数据,并输出
	Q	锁存器输出端。输出端,1 位
	CLR	异步清零端。高电平有效
	功能说明	如表 B.129 所示

LDC_1 的真值表如表 B.129 所示。

表 B.129 LDC_1 真值表

输入端			输出端
CLR	G	D	Q
1	X	X	0
0	0	0	0
0	0	1	1
0	1	X	保持不变
0	↑	D	d

d 表示在 G 由 0 变 1 之前 D 的数据内容。

B.14.11 LDCE、LD4CE、LD8CE、LD16CE

LDCE(Transparent Data Latch with Asynchronous Clear and Gate Enable,1 位或多位带异步清零和栅极使能的数据锁存器)。包括 LDCE,LD4CE,LD8CE 和 LD16CE 四种。除锁存器数据的宽度外,其余功能基本一致,下面仅以 LDCE 为例说明该类器件的引脚和功能。其外形结构、引脚和功能说明如表 B.130 所示。

表 B.130 IDCE 详解

外形图	引 脚	说 明
(D, GE, G, CLR → LDCE → Q)	D	数据输入端。输入端,1 位,锁存器的输入
	Q	触发器状态输出端。输出端,1 位
	GE	时钟使能端。CE=0,则封锁时钟输入
	G	栅极门控信号输入
	CLR	异步清零端。高电平有效
功能说明	参见表 B.131 所示真值表	

IDCE 的真值表如表 B.131 所示。

表 B.131 IDCE 真值表

输入端				输出端
CLR	GE	G	D	Q
1	X	X	X	0
0	0	X	X	保持不变
0	1	1	0	0
0	1	1	1	1
0	1	0	X	保持不变
0	1	↓	D	d

d 表示在 G 由高到低时,D 的输入数据。

IDCE 的其他器件外形结构如图 B.86 所示。

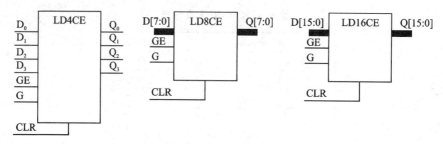

图 B.86 IDCE 其他器件外形结构图

B.14.12 LDCE_1

LDCE_1(Transparent Data Latch with Asynchronous Clear, Gate Enable, and Inverted Gate,带异步清零和反相栅极控制及栅极使能的数据锁存器)。其功能与 LDCE 类似,区别在于 G 前增加了一个反相门。LDCE_1 的外形结构、引脚和功能说明如表 B.132 所示。

表 B.132 LDCE_1 详解

外形图	引脚	说明
(见图)	D	数据输入端。输入端,1 位,锁存器的输入
	Q	触发器状态输出端。输出端,1 位
	GE	时钟使能端。GE=0,则封锁时钟输入
	G	反相的栅极门控信号输入
	CLR	异步清零端。高电平有效
功能说明	参见表 B.133 所示真值表	

LDCE_1 的真值表如表 B.133 所示。

表 B.133 LDCE_1 真值表

输入端				输出端
CLR	GE	G	D	Q
1	X	X	X	0
0	0	X	X	保持不变
0	1	0	0	0
0	1	0	1	1
0	1	1	X	保持不变
0	1	↑	D	d
d 表示在 G 由低到高时,D 的输入数据。				

B.14.13 LDCP

LDCP(Transparent Data Latch with Asynchronous Clear and Preset,带异步清零和异步置 1 的数据锁存器)。此寄存器在 CLR 或 PRE 为 1 时,锁存器其他输入端无论为何值,锁存器的内容和数据都将无条件变成 0 或 1。若 CLR 和 PRE 同时为 1 时,锁存器也将变成 0,即 CLR 的优先级高于 PRE。

LDCP 的外形结构、引脚和功能说明如表 B.134 所示。

表 B.134　LDCP 详解

外形图	引脚	说明
PRE D　LDCP G　　　Q CLR	D	数据输入端。输入端,1 位,锁存器的输入
	Q	触发器状态输出端。输出端,1 位
	PRE	异步置 1 端。高电平有效
	G	栅极门控信号输入
	CLR	异步清零端。高电平有效
	功能说明	参见表 B.135 所示真值表

LDCP 的真值表如表 B.135 所示。

表 B.135　LDCP 真值表

输入端				输出端
CLR	PRE	G	D	Q
1	X	X	X	0
0	1	X	X	1
0	0	1	1	1
0	0	1	0	0
0	0	0	X	保持不变
0	0	↓	D	d
d 表示在 G 由低到高时,D 的输入数据。				

B.14.14 LDCP_1

LDCP_1(Transparent Data Latch with Asynchronous Clear and Preset and Inverted Gate,带异步清零和异步置 1 及反相栅极输入的数据锁存器)。与 LDCP 的区别仅是在 G 前增加了一个反相门。LDCP_1 的外形结构、引脚和功能说明如表 B.136 所示。

表 B.136 LDCP_1 详解

外形图	引脚	说明
(见图示)	D	数据输入端。输入端,1位,锁存器的输入
	Q	触发器状态输出端。输出端,1位
	PRE	异步置1端。高电平有效
	G	反相的栅极门控信号输入
	CLR	异步清零端。高电平有效
	功能说明	参见表 B.137 所示真值表

LDCP_1 的真值表如表 B.137 所示。

表 B.137 LDCP_1 真值表

输入端				输出端
CLR	PRE	G	D	Q
1	X	X	X	0
0	1	X	X	1
0	0	0	1	1
0	0	0	0	0
0	0	1	X	保持不变
0	0	↑	D	d

d 表示在 G 由低到高时,D 的输入数据。

B.14.15 LDCPE

LDCPE(Transparent Data Latch with Asynchronous Clear and Preset and Gate Enable,带异步清零和异步置1及栅极输入使能的数据锁存器)。与 LDCP 的区别是增加了一个栅极输入的控制门 GE。LDCPE 的外形结构、引脚和功能说明如表 B.138 所示。

表 B.138 LDCPE 详解

外形图	引脚	说明
(见图示)	D	数据输入端。输入端,1位,锁存器的输入
	Q	触发器状态输出端。输出端,1位
	PRE	异步置1端。高电平有效
	G	栅极门控信号输入
	GE	栅极输入控制门
	CLR	异步清零端。高电平有效
	功能说明	参见表 B.139 所示真值表

LDCPE 的真值表如表 B.139 所示。

表 B.139　LDCPE 真值表

输入端					输出端
CLR	PRE	GE	G	D	Q
1	X	X	X	X	0
0	1	X	X	X	1
0	0	0	X	X	保持不变
0	0	1	1	0	0
0	0	1	1	1	1
0	0	1	0	X	保持不变
0	0	1	↓	D	d

d 表示在 G 由低到高时，D 的输入数据。

B.14.16　LDCPE_1

LDCPE_1(Transparent Data Latch with Asynchronous Clear and Preset and Gate Enable, and Inverted Gate, 带异步清零和异步置1及反相栅极输入使能的数据锁存器)。与 LDCPE 的区别是增加了一个栅极输入的反相门。LDCPE_1 的外形结构、引脚和功能说明如表 B.140 所示。

表 B.140　LDCPE_1 详解

外形图	引脚	说明
	D	数据输入端。输入端,1 位,锁存器的输入
	Q	触发器状态输出端。输出端,1 位
	PRE	异步置 1 端。高电平有效
	G	反相的栅极门控信号输入
	GE	栅极输入控制门
	CLR	异步清零端。高电平有效
	功能说明	参见表 B.141 所示真值表

LDCPE_1 的真值表如表 B.141 所示。

表 B.141　LDCPE_1 真值表

输入端					输出端
CLR	PRE	GE	G	D	Q
1	X	X	X	X	0
0	1	X	X	X	1
0	0	0	X	X	保持不变

续表 B.141

输入端					输出端
CLR	PRE	GE	G	D	Q
0	0	1	0	0	0
0	0	1	0	1	1
0	0	1	1	X	保持不变
0	0	1	↑	D	d

d 表示在 G 由低到高时，D 的输入数据。

B.14.17 LDE

LDE（Transparent Data Latch with Gate Enable，带栅极输入使能的数据锁存器）。其功能与 LD 类似，区别在于增加了栅极输入使能端。当栅极输入使能端 GE＝0 时，屏蔽其他输入端，锁存器保持当前状态；若 GE＝1，其逻辑功能与 LD 完全一致，在此不再详细描述，可参考 LD 章节相关描述。

LDE 外形结构、引脚和功能如表 B.142 所示。

表 B.142　LDE 详解

外形图	引脚	说明
（LDE：D、GE、G → Q）	D	数据输入端。输入端，1 位，锁存器的输入
	G	栅极输入。G＝1 或下降沿时，D 和 Q 直通；G＝0 时，锁存数据，并输出
	GE	栅极输入控制门
	Q	锁存器输出端。输出端，1 位
	功能说明	如表 B.143 所示

LDE 的真值表如表 B.143 所示。

表 B.143　LDE 真值表

输入端			输出端
GE	G	D	Q
0	X	X	保持不变
1	1	0	0
1	1	1	1
1	0	X	保持不变
1	↓	D	d

d 表示在 G 由高到低时 D 的输入数据。

B.14.18 LDE_1

LDE_1（Transparent Data Latch with Gate Enable and Inverted Gate，带栅极输

入时能及反相控制的数据锁存器)。在 LDE 的基础上增加了栅极的反相输入。

LDE_1 外形结构、引脚和功能如表 B.144 所示。

表 B.144　LDE_1 详解

外形图	引脚	说明
![LDE_1 D/GE/G/Q]	D	数据输入端。输入端,1位,锁存器的输入
	G	栅极输入。G=1 或下降沿时,D 和 Q 直通;G=0 时,锁存数据,并输出
	GE	反相栅极输入控制门
	Q	锁存器输出端。输出端,1位
	功能说明	如表 B.145 所示。

LDE_1 的真值表如表 B.145 所示。

表 B.145　LDE_1 真值表

输入端			输出端
GE	G	D	Q
0	X	X	保持不变
1	0	0	0
1	0	1	1
1	1	X	保持不变
1	↑	D	d
d 表示在 G 由低到高时,D 的输入数据。			

B.14.19　LDP

LDP(Transparent Data Latch with Asynchronous Preset,带异步置 1 的数据锁存器)。LDP 在 LD 的基础上增加了异步置 1 的功能。

LDP 的外形结构、引脚和功能说明如表 B.146 所示。

表 B.146　LDP 详解

外形图	引脚	说明
![LDP PRE/D/G/Q]	D	数据输入端。输入端,1位,锁存器的输入
	Q	触发器状态输出端。输出端,1位
	PRE	异步置 1 端。高电平有效
	G	栅极门控信号输入
	功能说明	参见表 B.147 所示真值表

LDP 的真值表如表 B.147 所示。

表 B.147　LDP 真值表

输入端			输出端
PRE	G	D	Q
1	X	X	1
0	1	0	0
0	1	1	1
0	0	X	保持不变
0	↓	D	d

d 表示在 G 由高到低时，D 的输入数据。

B.14.20　LDP_1

LDP_1(Transparent Data Latch with Asynchronous Preset and Inverted Gate, 带异步置 1 和栅极输入反相控制的数据锁存器)。LDP_1 与 LDP 的不同是输入端 G 前添加了反相门，相应的控制信号也发生了反转。

LDP_1 的外形结构、引脚和功能说明如表 B.148 所示。

表 B.148　LDP_1 详解

外形图	引脚	说明
	D	数据输入端。输入端，1 位，锁存器的输入
	Q	触发器状态输出端。输出端，1 位
	PRE	异步置 1 端。高电平有效
	G	反相栅极门控信号输入
	功能说明	参见表 B.149 所示真值表

LDP_1 的真值表如表 B.149 所示。

表 B.149　LDP_1 真值表

输入端			输出端
PRE	G	D	Q
1	X	X	1
0	0	0	0
0	0	1	1
0	1	X	保持不变
0	↑	D	d

d 表示在 G 由低到高时，D 的输入数据。

B.14.21 LDPE

LDPE(Transparent Data Latch with Asynchronous Preset and Gate Enable,带异步置 1 与栅极控制使能的数据锁存器)。LDPE 在 LDP 的基础上增加了一个栅极信号使能端。

当异步置 1 端为 1 时,忽略其他控制信号的输入,无条件的将锁存器及输出置为 1。在 PRE=0 时,由 G 和 GE 共同控制锁存器的输出。

LDPE 的外形结构、引脚和功能说明如表 B.150 所示。

表 B.150　LDPE 详解

外形图	引脚	说明
（见图示）	D	数据输入端。输入端,1 位,锁存器的输入
	Q	触发器状态输出端。输出端,1 位
	PRE	异步置 1 端。高电平有效
	G	栅极门控信号输入
	GE	栅极输入使能端
	功能说明	参见表 B.151 所示真值表

LDPE 的真值表如表 B.151 所示。

表 B.151　LDPE 真值表

输入端				输出端
PRE	GE	G	D	Q
1	X	X	X	1
0	0	X	X	保持不变
0	1	1	0	0
0	1	1	1	1
0	1	0	X	保持不变
0	1	↓	D	d
d 表示在 G 由高到低时,D 的输入数据				

B.14.22 LDPE_1

LDPE_1(Transparent Data Latch with Asynchronous Preset,Gate Enable, and Inverted Gate,带异步置 1 与栅极控制使能及栅极输入反相控制的数据锁存器)。LDPE_1 与 LDPE 的不同之处是在 LDPE 的栅极输入前增加了一个反相门。

LDPE_1 的外形结构、引脚和功能说明如表 B.152 所示。

LDPE_1 的真值表如表 B.153 所示。

表 B.152　LDPE_1 详解

外形图	引　脚	说　明
(见图)	D	数据输入端。输入端,1位,锁存器的输入
	Q	触发器状态输出端。输出端,1位
	PRE	异步置1端。高电平有效
	G	反相栅极门控信号输入
	GE	栅极输入使能端。
	功能说明	参见表 B.153 所示真值表

表 B.153　LDPE_1 真值表

输入端				输出端
PRE	GE	G	D	Q
1	X	X	X	1
0	0	X	X	保持不变
0	1	0	0	0
0	1	0	1	1
0	1	1	X	保持不变
0	1	↑	D	d

d 表示在 G 由低到高时,D 的输入数据

B.15　带输出缓冲的触发器

触发器的输出在连接到 FPGA 引脚时,必须通过 OBUF、OPAD 的连接后才能正确编译和下载,带输出缓冲的触发器在寄存器的相应输出添加了一个 OBUF,故可以直接与 OPAD 相连。

B.15.1　OFD、OFD4、OFD8、OFD16

OFD(Output D Flip-Flop,带输出缓冲的 D 触发器)。OFD 是 1 位的 D 触发器,包含一个数据输入端 D 和数据输出端 Q,在时钟输入端 C 的上升沿将 D 端的内容打入寄存器,其次态方程为 $Q_D^{n+1} = D$,该触发器加电后初态为 0。此触发器包括 OFD、OFD4、OFD8 和 OFD16 四种类型,除了在寄存器位数上存在差异外,引脚及功能基本一致。以 OFD 为例,说明器件的外形和功能。其外形结构如图 B.87 所示。

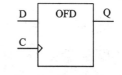

图 B.87　OFD 外形结构图

OFD 的内部结构如图 B.88 所示,从图中可以看出来,其内部由一个 FD 构成,在输出端增加了一个 OBUF,提供输出缓冲,故 OFD 一般用于顶层电路中。

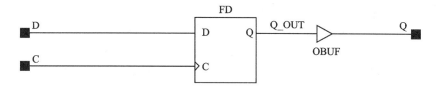

图 B.88　OFD 外形结构图

OFD 的真值表如表 B.154 所示。

表 B.154　OFD 真值表

输入端		输出端
D	C	Q
0	↑	0
1	↑	1

OFD4、OFD8、OFD16 的外形结构如图 B.89 所示

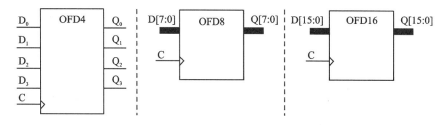

图 B.89　OFD4、OFD8、OFD16 外形结构图

B.15.2　OFD_1

OFD_1(Output D Flip-Flop with Inverted Clock，负脉冲触发，带输出缓冲的 D 触发器)。OFD_1 与 OFD 的区别主要是数据的打入脉冲不同，OFD_1 为下降沿打入数据。其外形结构如图 B.90 所示。

OFD 的真值表如表 B.155 所示。

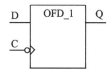

图 B.90　OFD_1 外形结构图

表 B.155　OFD 真值表

输入端		输出端
D	C	Q
0	↓	0
1	↓	1

B.15.3　OFDE、OFDE4、OFDE8、OFDE16

OFDE(D Flip-Flops with Active-High Enable Output Buffers，带高位使能端

控制输出缓冲的 D 触发器)。OFDE 较 OFD 多出一个输出控制端,当控制端为 1 时,寄存器内容才能通过 Q 输出,否则寄存器输出高阻状态 Z。该类触发器包括 OFDE、OFDE4、OFDE8 和 OFDE16 四种类型,除了在寄存器位数上存在差异外,引脚及功能基本一致。以 OFDE 为例,说明器件的外形和功能。其外形结构如图 B.91 所示。

OFDE 的真值表如表 B.156 所示。

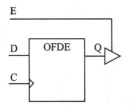

图 B.91 OFDE 外形结构图

表 B.156 OFDE 真值表

输入端			输出端
E	D	C	O
0	X	X	Z
1	1	↑	1
1	0	↑	0

OFDE4、OFDE8、OFDE16 的外形结构如图 B.92 所示。

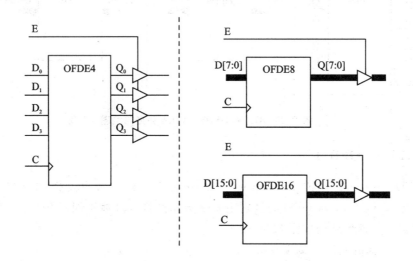

图 B.92 OFDE4、OFDE8、OFDE16 外形结构图

B.15.4 OFDE_1

OFDE_1(D Flip-Flops with Active-High Enable Output Buffers and Inverted Clock,下降沿触发,带高位使能端控制输出缓冲的 D 触发器)。OFDE_1 与 OFDE 功能类似,区别主要是数据的打入脉冲不同。其外形结构如图 B.93 所示。

OFDE_1 的真值表如表 B.157 所示。

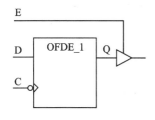

图 B.93 OFDE_1 外形结构图

表 B.157 OFDE_1 真值表

输入端			输出端
E	D	C	O
0	X	X	Z
1	1	↓	1
1	0	↓	0

B.15.5 OFDI

OFDI(Output D Flip-Flop(Asynchronous Preset),初态为 1,带输出缓冲的 D 触发器)。该触发器加电后初态为 1,在功能和引脚上与 OFD 完全一致。

OFDI 外形结构如图 B.94 所示。

OFDI 的真值表如表 B.158 所示。

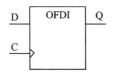

图 B.94 OFDI 外形结构图

表 B.158 OFDI 真值表

输入端		输出端
D	C	Q
0	↑	0
1	↑	1

B.15.6 OFDI_1

OFDI_1(Output D Flip-Flop with Inverted Clock (Asynchronous Preset),负脉冲触发,带输出缓冲的 D 触发器)。该触发器加电后初态为 1,OFDI_1 与 OFDI 的区别主要是数据的打入脉冲不同,OFDI_1 为下降沿打入数据。其外形结构如图 B.95 所示。

OFDI_1 的真值表如表 B.159 所示。

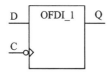

图 B.95 OFDI_1 外形结构图

表 B.159 OFDI_1 真值表

输入端		输出端
D	C	Q
0	↓	0
1	↓	1

B.15.7 OFDT、OFDT4、OFDT8、OFDT16

OFDT(Single and Multiple D Flip-Flops with Active-Low 3-State Output Enable Buffers,带低位使能端控制输出缓冲的 D 触发器)。OFDT 较 OFD 多出一个输出控制端,当控制端为 0 时,寄存器内容才能通过 Q 输出,否则寄存器输出高阻状

态 Z。该类触发器包括 OFDT、OFDT4、OFDT8 和 OFDT16 四种类型，除了在寄存器位数上存在差异外，引脚及功能基本一致。以 OFDT 为例，说明器件的外形和功能。其外形结构如图 B.96 所示。

OFDT 的真值表如表 B.160 所示。

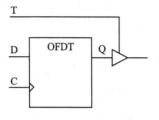

图 B.96　OFDT 外形结构图

表 B.160　OFDT 真值表

输入端			输出端
T	D	C	O
1	X	X	Z
0	1	↑	1
0	0	↑	0

OFDT4、OFDT8、OFDT16 的外形结构如图 B.97 所示。

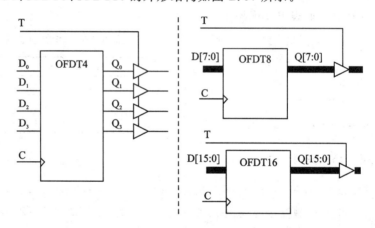

图 B.97　OFDT4、OFDT8、OFDT16 外形结构图

B.15.8　OFDT_1

OFDT_1(D Flip – Flop with Active – Low 3 – State Output Buffer and Inverted Clock,下降沿触发，带低位使能端控制输出缓冲的 D 触发器)。OFDT_1 与 OFDT 功能类似，区别主要是数据的打入脉冲不同。其外形结构如图 B.98 所示。

OFDT_1 的真值表如表 B.161 所示。

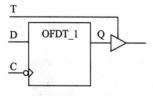

图 B.98　OFDT_1 外形结构图

表 B.161　OFDT_1 真值表

输入端			输出端
T	D	C	O
1	X	X	Z,
0	1	↓	1
0	0	↓	0

B.15.9 OFDX、OFDX4、OFDX8、OFDX16

OFDX(Single - and Multiple - Output D Flip - Flops with Clock Enable,带时钟使能,输出缓冲的 D 触发器)。包括 OFDX、OFDX4、OFDX8 和 OFDX16 四种类型,除了在寄存器位数上存在差异外,引脚及功能基本一致。以 OFDX 为例,说明器件的外形和功能。其外形结构如图 B.99 所示。

OFDX 的真值表如表 B.162 所示。

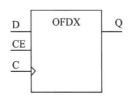

图 B.99　OFDX 外形结构图

表 B.162　OFDX 真值表

输入端			输出端
CE	D	C	Q
0	X	X	保持不变
1	0	↑	0
1	1	↑	1

OFDX4、OFDX8、OFDX16 的外形结构如图 B.100 所示。

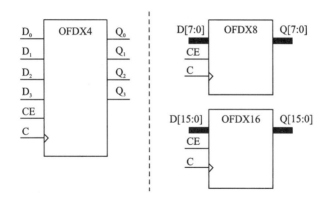

图 B.100　OFDX4、OFDX8、OFDX16 外形结构图

B.15.10 OFDX_1

OFDX_1(Output D Flip - Flop with Inverted Clock and Clock Enable,带时钟使能,输出缓冲的下降沿触发 D 触发器)。OFDX_1 与 OFDX 的区别主要是数据的打入脉冲不同,OFDX_1 为下降沿打入数据。其外形结构如图 B.101 所示。

OFDX_1 的真值表如表 B.163 所示。

B.15.11 OFDXI

OFDXI(Output D Flip - Flop with Clock Enable (Asynchronous Preset),带时钟使能,输出缓冲的 D 触发器)。该触发器加电后初态为 1,在功能和引脚上与

OFDX 完全一致。其外形结构如图 B.102 所示。

OFDXI 的真值表如表 B.164 所示。

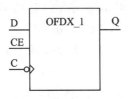

图 B.101　OFDX_1 外形结构图

表 B.163　OFDX_1 真值表

输入端			输出端
CE	D	C	Q
0	X	X	保持不变
1	0	↓	0
1	1	↓	1

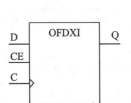

图 B.102　OFDXI 外形结构图

表 B.164　OFDXI 真值表

输入端			输出端
CE	D	C	Q
0	X	X	保持不变
1	0	↑	0
1	1	↑	1

B.15.12　OFDXI_1

OFDXI_1(Output D Flip-Flop with Inverted Clock and Clock Enable (Asynchronous Preset)，初态为 1 带时钟使能，输出缓冲的下降沿触发 D 触发器)。该触发器加电后初态为 1，在功能和引脚上与 OFDX_1 完全一致。其外形结构如图 B.103 所示。

OFDXI_1 的真值表如表 B.165 所示。

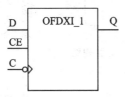

图 B.103　OFDXI_1 外形结构图

表 B.165　OFDXI_1 真值表

输入端			输出端
CE	D	C	Q
0	X	X	保持不变
1	0	↓	0
1	1	↓	1

B.16　移位寄存器

移位寄存器(shift register，简称 SR)是一种在若干相同时间脉冲下工作的，以触发器为基础的器件。SR 中的数据可以在移位脉冲作用下依次逐位右移或左移，数据既可以并行输入、并行输出，也可以串行输入、串行输出，还可以并行输入、串行输出，串行输入、并行输出，十分灵活，用途也很广。

B.16.1 SR4CE、SR8CE、SR16CE

SRxCE(4-,8-,16-Bit Serial-In Parallel-Out Shift Registers with Clock Enable and Asynchronous Clear,4、8、16 位带时钟使能和异步清零的串入并出移位寄存器)。共有 SR4CE、SR8CE 和 SR16CE 三种,除了位数上的不同外,其引脚等具有相同的含义。以 SR4CE 为例进行说明,外形结构、引脚和功能说明如表 B.166 所示。

表 B.166 SR4CE 详解

外形图	引脚	说明
	SLI	串行数据输入端。输入端,1位
	CE	时钟使能端。高电平有效
	C	时钟输入端。上升沿有效
	CLR	异步清零端。高电平有效
	$Q_3 \sim Q_0$	寄存器输出。共 4 位,初始数据为 0
	功能说明	串入并出:当 CE=1 且 CLR=0 时,在时钟输入脉冲的作用下,从 SLI 输入的数据打入 Q_0,数据逐级传递,完成数据的移位 移位时遵循的顺序: SLI→Q_0→Q_1→Q_2→Q_3,Q_3 则在移位过程中丢弃。 异步清零:当 CLR=1 时,忽略其他输入,寄存器内容清零,从 $Q_3 \sim Q_0$ 输出 0000

SR4CE 的真值表如表 B.167 所示。

表 B.167 SR4CE 真值表

输入端				输出端	
CLR	CE	SLI	C	Q_0	$Q_3 \sim Q_1$
1	X	X	X	0	0
0	0	X	X	保持不变	保持不变
0	1	1	↑	1	$Q_2 \sim Q_1$
0	1	0	↑	0	$Q_2 \sim Q_1$

SR8CE、SR16CE 的外形结构如图 B.104 所示。

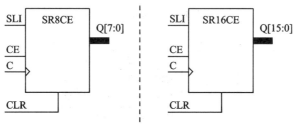

图 B.104 SR8CE、SR16CE 外形结构图

SR8CE 内部结构中,有 8 个 FDCE 寄存器串接,完成数据的存储与移位操作,为更直观的了解该类寄存器的构成原理,图 B.105 中给出了 SR8CE 的内部电路图。

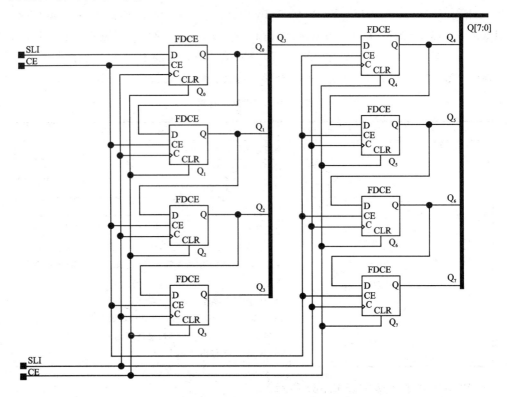

图 B.105　SR8CE 内部结构图

B.16.2　SR4CLE、SR8CLE、SR16CLE

SRxCLE(4-,8-,16-Bit Loadable Serial/Parallel-In Parallel-Out Shift Registers with Clock Enable and Asynchronous Clear,4 位带时钟使能和异步清零,以及预置功能的串入并出移位寄存器)。它在 SrxCE 的基础上增加了预置的功能。共有 SR4CLE、SR8CLE 和 SR16CLE 三种,除了位数上的不同外,其引脚等具有相同的含义。以 SR4CLE 为例进行说明,外形结构、引脚和功能如表 B.168 所示。

表 B.168　SR4CLE 详解

外形图	引脚	说明
	SLI	串行数据输入端。输入端,1 位
	CE	时钟使能端。高电平有效
	C	时钟输入端。上升沿有效
	CLR	异步清零端。高电平有效

续表 B.168

外形图	引脚	说 明
SR4CLE SLI D_0 Q_0 D_1 Q_1 D_2 Q_2 D_3 Q_3 L CE C CLR	$Q_3 \sim Q_0$	寄存器输出。共4位，初始数据为0
	L	预置功能端。高电平有效
	$D_3 \sim D_0$	预置数据端。预置时输入的数据
	功能说明	串入并出：当 CE＝1，L＝0 且 CLR＝0 时，在时钟输入脉冲的作用下，从 SLI 输入的数据打入 Q_0，数据逐级传递，完成数据的移位。 移位时遵循的顺序： SLI→Q_0→Q_1→Q_2→Q_3，Q_3 在移位过程中丢失。 异步清零：当 CLR＝1 时，忽略其他输入，寄存器内容清零，从 $Q_3 \sim Q_0$ 输出 0000。 数据预置：当 CE＝1，CLR＝0，L＝1 时，在输入脉冲的上升沿将输入数据 $D_3 \sim D_0$ 打入移位寄存器

SR4CLE 的真值表如表 B.169 所示。

表 B.169 SR4CLE 真值表

输入端						输出端	
CLR	L	CE	SLI	$D_3 \sim D_0$	C	Q_0	$Q_3 \sim Q_1$
1	X	X	X	X	X	0	0
0	1	X	X	$D_3 \sim D_0$	↑	d_0	$d_3 \sim d_1$
0	0	1	SLI	X	↑	SLI	q_{n-1}
0	0	0	X	X	X	保持不变	保持不变

q 表示有效时钟到来前的状态，即前态

SR8CLE、SR16CLE 的外形结构如图 B.106 所示。

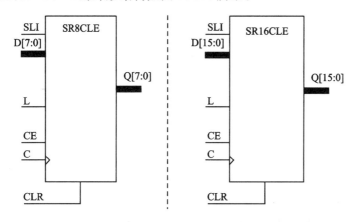

图 B.106 SR8CLE、SR16CLE 外形结构图

B.16.3 SR4CLED、SR8CLED、SR16CLED

SRxCLED(4 -,8 -,16 - Bit Shift Registers with Clock Enable and Asynchronous Clear,4 位带时钟使能和异步清零的移位寄存器)。它在 SRxCLE 的基础上增加移位方向的功能。共有 SR4CLED、SR8CLED 和 SR16CLED 三种,除了位数上的不同外,其引脚等具有相同的含义。以 SR4CLED 为例进行说明,外形结构、引脚和功能说明如表 B.170 所示。

表 B.170 SR4CLED 详解

外形图	引脚	说明
	SLI	左侧串行数据输入端。输入端,1 位
	SRI	右侧串行数据输入端。输入端,1 位
	CE	时钟使能端。高电平有效
	C	时钟输入端。上升沿有效
	CLR	异步清零端。高电平有效
	$Q_3 \sim Q_0$	寄存器输出。共 4 位,初始数据为 0
	L	预置功能端。高电平有效
	$D_3 \sim D_0$	预置数据端。预置时输入的数据
	LEFT	移位方向控制位。LEFT=1,左移,LEFT=0,右移
	功能说明	左移串入并出:当 CE=1,L=0,LEFT=1 且 CLR=0 时,在时钟输入脉冲的作用下,从 SLI 输入的数据打入 Q_0,数据逐级传递,完成数据的移位 移位时遵循的顺序: SLI→Q_0→Q_1→Q_2→Q_3,Q_3 在移位过程中丢失 右移串入并出:当 CE=1,L=0,LEFT=0 且 CLR=0 时,在时钟输入脉冲的作用下,从 SRI 输入的数据打入 Q_3,数据逐级传递,完成数据的移位 移位时遵循的顺序: SRI→Q_3→Q_2→Q_1→Q_0,Q_0 则在移位过程中丢失 异步清零:当 CLR=1 时,忽略其他输入,寄存器内容清零,从 $Q_3 \sim Q_0$ 输出 0000。 数据预置:当 CE=1,CLR=0,L=1 时,在输入脉冲的上升沿将输入数据 $D_3 \sim D_0$ 打入移位寄存器

SR4CLED 的真值表如表 B.171 所示。

SR8CLED、SR16CLED 的外形结构如图 B.107 所示。

表 B.171　SR4CLED 真值表

输　入								输　出		
CLR	L	CE	LEFT	SLI	SRI	$D_3 \sim D_0$	C	Q_0	Q_3	$Q_2 \sim Q_1$
1	X	X	X	X	X	X	X	0	0	0
0	1	X	X	X	X	$D_3 \sim D_0$	↑	d_0	d_3	dn
0	0	0	X	X	X	X	X	保持	保持	保持
0	0	1	1	SLI	X	X	↑	SLI	q_2	q_{n-1}
0	0	1	0	X	SRI	X	↑	q_1	SRI	q_{n+1}

q 表示有效时钟到来前的状态，即前态

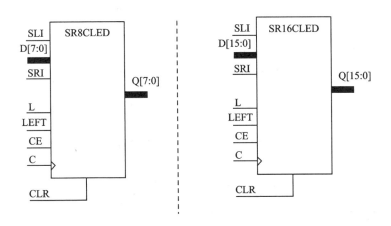

图 B.107　SR8CLED、SR16CLED 外形结构图

B.16.4　SR4RE、SR8RE、SR16RE

SRxRE(4 -,8 -,16 - Bit Serial - In Parallel - Out Shift Registers with Clock Enable and Synchronous Reset，4、8、16 位带时钟使能和同步清零的串入并出移位寄存器)。共有 SR4RE、SR8RE 和 SR16RE 三种，除了位数上的不同外，其引脚等具有相同的含义。以 SR4RE 为例进行说明，外形结构、引脚和功能说明如表 B.172 所示。

表 B.172　SR4RE 详解

外形图	引　脚	说　明
（SR4RE 外形图：SLI、CE、C、R 输入；Q_0、Q_1、Q_2、Q_3 输出）	SLI	串行数据输入端。输入端，1 位
	CE	时钟使能端。高电平有效
	C	时钟输入端。上升沿有效
	R	同步清零端。高电平有效
	$Q_3 \sim Q_0$	寄存器输出。共 4 位，初始数据为 0

续表 B.172

外形图	引脚	说明
(SR4RE: SLI, CE, C, R inputs; Q₀, Q₁, Q₂, Q₃ outputs)	功能说明	串入并出：当 CE＝1 且 R＝0 时，在时钟输入脉冲的作用下，从 SLI 输入的数据打入 Q_0，数据逐级传递，完成数据的移位 移位时遵循的顺序： SLI→Q_0→Q_1→Q_2→Q_3，Q_3 在移位过程中丢失。 同步清零：当 R＝1 时，无论其他输入的值是多少，当上升沿脉冲到来后，寄存器内容清零，同时从 Q_3～Q_0 输出 0000

SR4RE 的真值表如表 B.173 所示。

表 B.173　SR4RE 真值表

输入端				输出端	
R	CE	SLI	C	Q_0	Q_3～Q_1
1	X	X	↑	0	0
0	0	X	X	保持不变	保持不变
0	1	1	↑	1	Q_2～Q_1
0	1	0	↑	0	Q_2～Q_1

SR8RE、SR16RE 的外形结构如图 B.108 所示。

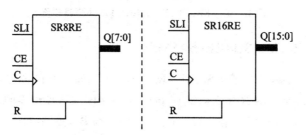

图 B.108　SR8RE、SR16RE 外形结构图

B.16.5　SR4RLE、SR8RLE、SR16RLE

SRxRLE(4 -, 8 -, 16 - Bit Loadable Serial/Parallel - In Parallel - Out Shift Registers with Clock Enable and Synchronous Reset，4 位带时钟使能和同步清零，以及预置功能的串入并出移位寄存器)。它在 SRxRE 的基础上增加了预置的功能。共有 SR4RLE、SR8RLE 和 SR16RLE 三种，除了位数上的不同外，其引脚等具有相同的含义。以 SR4RLE 为例进行说明，外形结构、引脚和功能说明如表 B.174 所示。

SR4RLE 的真值表如表 B.175 所示。

表 B.174 SR4RLE 详解

外形图	引脚	说明
(见下图)	SLI	串行数据输入端。输入端,1位
	CE	时钟使能端。高电平有效
	C	时钟输入端。上升沿有效
	R	同步清零端。高电平有效
	$Q_3 \sim Q_0$	寄存器输出。共4位,初始数据为0
	L	预置功能端。高电平有效
	$D_3 \sim D_0$	预置数据端。预置时输入的数据
	功能说明	串入并出：当 CE=1,L=0 且 R=0 时,在时钟输入脉冲的作用下,从 SLI 输入的数据打入 Q_0,数据逐级传递,完成数据的移位 移位时遵循的顺序: SLI→Q_0→Q_1→Q_2→Q_3,Q_3 在移位过程中丢失。 同步清零：当 R=1 时,无论其他输入的值是多少,当上升沿脉冲到来后,寄存器内容清零,同时从 $Q_3 \sim Q_0$ 输出 0000 数据预置：当 CE=1,R=0,L=1 时,在输入脉冲的上升沿将输入数据 $D_3 \sim D_0$ 打入移位寄存器

外形图：SR4RLE，输入 SLI, D_0, D_1, D_2, D_3, L, CE, C, R；输出 Q_0, Q_1, Q_2, Q_3

表 B.175 SR4RLE 真值表

输入端						输出端	
R	L	CE	SLI	$D_3 \sim D_0$	C	Q_0	$Q_3 \sim Q_1$
1	X	X	X	X	↑	0	0
0	1	X	X	$D_3 \sim D_0$	↑	d_0	$d_3 \sim d_1$
0	0	1	SLI	X	↑	SLI	q_{n-1}
0	0	0	X	X	X	保持不变	保持不变

q 表示有效时钟到来前的状态,即前态

SR8RLE、SR16RLE 的外形结构如图 B.109 所示。

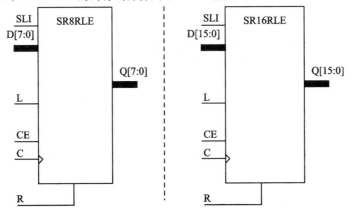

图 B.109 SR8RLE、SR16RLE 外形结构图

B.16.6 SR4RLED、SR8RLED、SR16RLED

SRxRLED(4-,8-,16-Bit Shift Registers with Clock Enable and Synchronous Reset,4位带时钟使能和异步清零的移位寄存器)。它在 SRxRLE 的基础上增加移位方向的功能。共有 SR4RLED、SR8RLED 和 SR16RLED 三种,除了位数上的不同外,其引脚等具有相同的含义。以 SR4RLED 为例进行说明,外形结构、引脚和功能说明如表 B.176 所示。

表 B.176 SR4RLED 详解

外形图	引脚	说明
	SLI	左侧串行数据输入端。输入端,1位
	SRI	右侧串行数据输入端。输入端,1位
	CE	时钟使能端。高电平有效
	C	时钟输入端。上升沿有效
	R	同步清零端。高电平有效
	$Q_3 \sim Q_0$	寄存器输出。共4位,初始数据为0
	L	预置功能端。高电平有效
	$D_3 \sim D_0$	预置数据端。预置时输入的数据
	LEFT	移位方向控制位。LEFT=1,左移,LEFT=0,右移
	功能说明	左移串入并出:当 CE=1,L=0,LEFT=1 且 R=0 时,在时钟输入脉冲的作用下,从 SLI 输入的数据打入 Q_0,数据逐级传递,完成数据的移位。移位时遵循的顺序: SLI→Q_0→Q_1→Q_2→Q_3,Q_3 在移位过程中丢失。 右移串入并出:当 CE=1,L=0,LEFT=0 且 R=0 时,在时钟输入脉冲的作用下,从 SRI 输入的数据打入 Q_3,数据逐级传递,完成数据的移位 移位时遵循的顺序: SRI→Q_3→Q_2→Q_1→Q_0,Q_0 则在移位过程中丢失。 同步清零:当 R=1 时,忽略其他输入,在上升沿脉冲到来时,寄存器内容清零,从 $Q_3 \sim Q_0$ 输出 0000 数据预置:当 CE=1,R=0,L=1 时,在输入脉冲的上升沿将输入数据 $D_3 \sim D_0$ 打入移位寄存器

SR4RLED 的真值表如表 B.177 所示。

表 B.177　SR4RLED 真值表

输入端								输出端		
R	L	CE	LEFT	SLI	SRI	$D_3 \sim D_0$	C	Q_0	Q_3	$Q_2 \sim Q_1$
1	X	X	X	X	X	X	↑	0	0	0
0	1	X	X	X	X	$D_3 \sim D_0$	↑	d_0	d_3	d_n
0	0	0	X	X	X	X	X	保持	保持	保持
0	0	1	1	SLI	X	X	↑	SLI	q_2	q_{n-1}
0	0	1	0	X	SRI	X	↑	q_1	SRI	q_{n+1}

q 表示有效时钟到来前的状态,即前态

SR8RLED、SR16RLED 的外形结构如图 B.110 所示。

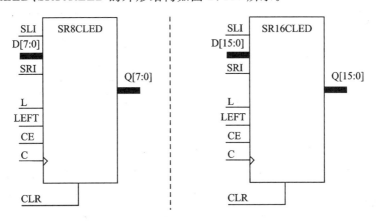

图 B.110　SR8RLED、SR16RLED 外形结构图

对于书中未描述的元器件,在实践环节通常不使用。如需在某些极特殊情况下使用,可将此元器件调出,查看其内部结构,分析其功能后再使用。或者参阅随机文档《Virtex－6 Libraries Guide f OR Schematic Designs》中的相关说明。

附录 C 实验记录表格

本章罗列了实验所需的各类表格信息,实验时,可在此处相应表格中填写实验记录信息。

C.1 寄存器实验记录表

表 C.1 实验控制信号表

数 据(学号的二进制形式)						
操 作	控制信号					
	RRD	RWR	WEN	AEN	S_B	S_A
	K_{11}	K_{10}	K_4	K_3	K_1	K_0
写入 A						
写入 W						
写入 R_0						
写入 R_1						
写入 R_3						
读取 R_0						
读取 R_2						
读取 R_3						
实验现象记录						
班级		学 号		姓 名		
指导教师评语				成 绩	指导教师签字	

附录C 实验记录表格

表 C.2 PC 操作实验控制信号表

操 作	控制信号					
	PCOE	JIR$_3$	JIR$_2$	JRZ	JRC	ELP
	K$_5$	K$_4$	K$_3$	K$_2$	K$_1$	K$_0$
PC+1						
无条件转移						
JC 转移						
JC 未转移						
JZ 转移						
JZ 未转移						
实验现象记录						

班 级		学 号		姓 名	
指导教师评语			成 绩	指导教师签字	

表 C.3 其他寄存器操作实验控制信号表

操作	控制信号			
	MAREN	MAROE	OUTEN	STEN
	K_{15}	K_{14}	K_{13}	K_{12}
OUT 寄存器写入				
ST 寄存器写入				
MAR 寄存器写入				
MAR 寄存器读出				
实验现象记录				

班级		学号		姓名	
指导教师评语				成绩	
				指导教师签字	

C.2 运算器实验记录表

表 C.4 运算器实验控制信号表

操作	控制信号									
	OUTEN	CyIN	X_2	X_1	X_0	WEN	AEN	S_2	S_1	S_0
	K_{13}	K_8	K_7	K_6	K_5	K_4	K_3	K_2	K_1	K_0
写入寄存器 A										
写入寄存器 W										
实现 D=A+W										
OUT=D										
OUT=L										
OUT=R										
实现 D= A−W										
实现 D=A|W										
实现 D=A&W										
实现 D=A+W+C										
实现 D=A−W−C										
实现 D=~A										
实现 D=A										
实验现象记录										

班级		学号		姓名	
指导教师评语				成绩	
				指导教师签字	

C.3 存储器实验记录表

表 C.5 存储器实验控制信号表

操 作	控制信号					
	OUTEN	MAROE	MAREN	EMEN	EMRD	EMWR
	K_5	K_4	K_3	K_2	K_1	K_0
地址送 MAR						
MAR 地址输出 EM						
送数据并写入 EM						
地址送 MAR						
读数据并写入 OUT						

实验现象记录	
班级	学号	姓名
指导教师评语		成绩	指导教师签字

C.4 数据通路实验记录表

表 C.6 实验数据通路与控制信号表
（经运算器实现存储器与寄存器、存储器与存储器间数据传送）

数据通路	控制信号										

实验现象记录	

班级		学号		姓名	
指导教师评语		成绩		指导教师签字	

表 C.7 实验数据通路与控制信号表
（使用 IN 输入将两个八位二进制数分别送入 R_0，R_1，对 R_0 和 R_1 的数据运算后送入 R_3，从 OUT 寄存器显示）

数据通路	控制信号											

实验现象记录	

指导教师评语	成绩	指导教师签字

附录C 实验记录表格

表 C.8 实验数据通路与控制信号表
(将两个八位二进制数据送入存储器 00H 和 01H 单元,
取数送运算器运算后,送入 10H 单元,在 OUT 寄存器显示)

数据通路	控制信号													
实验现象记录	
指导教师评语		成绩		指导教师签字	

C.5 控制器实验记录表

表 C.9 程序与机器码映射表

地　址	指　令	机器码	说　明

实验记录 （包括输入的数据、输出的结果，是否符合预期等内容）	

班级		学号		姓名	
指导教师 评语				成绩	
				指导教师签字	

C.6 中断接口实验记录表

表 C.10 中断实验记录表

操　作	寄存器内容			
	PC	ST	IR	A
开机按下 RST				
单步执行主程序,在按下 INT 之前				
IA 拨至 E0H,按下 INT,再按 STEP				
中断服务程序执行完毕时				
单步执行主程序,在再次按下 INT 前				
IA 拨至 F0H,按下 INT,再按 STEP				
中断服务程序执行完毕时				
单步执行主程序,在再次按下 INT 前				
IA 拨至 F0H,按下 INT,再按 STEP				
中断服务程序执行完毕时				
单步执行主程序,在再次按下 INT 前				
IA 拨至 E0H,按下 INT,再按 STEP				

指导教师评语	

班　级		学　号		姓　名	

成绩		指导教师签字	

参考文献

[1] 白中英. 计算机组成原理[M]. 4 版. 北京:科学出版社,2008.
[2] 唐朔飞. 计算机组成原理[M]. 2 版. 北京:高等教育出版社,2008.
[3] 伟福. COP2000 型计算机组成原理实验仪[M]. 南京伟福实业有限公司.
[4] 李晶皎,等. 计算机组成原理实验教程[M]. 沈阳. 东北大学出版社,2004.
[5] Xilinx. Virtex-6 Libraries Guide for Schematic Designs[EB/OL]. [2014-7-23]. http://www.xilinx.com/support/documentation/sw_manuals/xilinx14_7/virtex6_scm.pdf